KB144373

그림으로 읽는 **잠 못들 정도로 재미있는 이야기**

생물

히로사와 미쓰코 감수 | **김헌수** 감역 | **양지영** 옮김

BM (주)도서출판 **성안당**

옛날에는 '피는 못 속인다'는 말을 자주 썼는데, 지금은 초등학생인 내 아들조차 나를 닮아·코가 낮다고 투덜거리며 'DNA니까'라며 푸념하는 시대이다. 일상생활에서 나누는 대화 속에도 DNA라는 단어는 자연스럽게 튀어나오고 DNA의 이중나선 구조로 된 디자인을 접할 때면 DNA는 완전한 시민권을 얻었다는 생각이 든다. 동시에 오랜 시간 DNA를 연구해 온 나조차도 도대체 DNA가 뭔지, 그리고 우리 사회는 DNA를 어떻게, 어디까지 이해하고 있을까 궁금하다.

2003년 인간 설계도인 인간 DNA 전 염기 서열 해독에 성공했다는 발표로 떠들썩했고, 이로써 인간 게놈 프로젝트(Human Genome Project)는 마무리되었다. 이후 15년이 지난 지금 생물학 연구는 계획대로 DNA를 편집하는 단계에 접어들었다. 노벨상 수상자인 일본 야마나카 신야(山中伸弥) 교수가 발견한 인공 다능성 줄기세포(iPS 세포) 생성 기술을 계기로 인류는 이미 장기(臟器) 재생 단계로 한발 진전했고, SF영화와 같은 공상의 세계에서나 가능했던 일이 현실에서 일어날지도 모른다는 생각이 들 정도로 생물학은 눈부시게 발전하는 분야 중 하나이다. 그러나 생명을 다루는 분야를 연구하는 만큼, 특히 윤리 차원에서 사회적인 논의가 중요하고도 필요하다. 우리 사회가 생물학에 관심을 갖고 생물학 연구가 나아가는 방향을 주시할 필요가 있다. 이과를 기피하는 사회 현상도 문제되고 있으니 먼저 많은 사람들이 생물학에 관심을 갖게 하는 일이 아주 중요하다.

생물학의 매력에 빠져 긴 세월을 이 분야 연구에 몸담아 온 나로서는 생물학과 거리를 두고 살아가는 여러분에게 생물학의 재미를 전하는 어려움을 느낄 때마다 안타까움을 금할 수가 없다. 그래서 평소 불현듯 떠오르는 궁금

중에 답하면서 생물 분야에 대해 해설하는 형식으로 간행하는 이 책의 집필에 참여할 수 있어 정말 다행이다. 생물학의 에센스가 있으면 일상생활의 최신 화젯거리나 누구라도 신경 쓰이는 병에 관한 이야기도, 이전과는 조금 다르게 다가올 것이다. 이 책을 계기로 생물학에 작은 관심이라도 갖게 된다면 더없이 기쁠 것 같다.

이 책의 감수를 맡아 달라고 제안해주신 일본문예사 편집부의 사카 마사시 씨, 아트 서플라이의 편집자 마루야마 미기 씨에게는 정말 많은 신세를 졌다. 진심으로 고맙다는 말을 전하고 싶다. 그리고 디자인을 담당한 분을 시작으로 이 책을 내기까지 수고한 많은 분께도 감사의 말을 전한다.

마지막으로 늘 적극적으로 도와주는 가족에게도 감사하다. 특히 아들 리키의 질타와 격려가 없었다면 이 책을 마무리하지 못했을 것이다. 이 기회를 빌려 큰 힘이 되어 준 아들에게 고마움을 전하고 싶다.

히로사와 미쓰코

제 **1** 장

생명의 탄생과 진화

01 생명은 왜 바닷속에서 태어났을까?

화학 진화와 생명의 탄생

지구는 대략 46억만 년 전에 탄생했다. 그리고 오랫동안 마그마 바다로 덮여 있었다. 40억 년 전쯤에 차갑게 식은 마그마는 육지가 되고, 그때 발생한 수증기는 바다가 됐다. 이와 같은 상황에서 드디어 생명이 탄생했는데, 그것은 바닷속이었다. 그렇다면 왜 육지가 아닌 바닷속이었을까?

그 이유는 원시 바닷속에는 유기물이 풍부하게 녹아 있었기 때문이다. 유기물이란 아미노산, 당, 핵 염기 등 탄소 성분을 함유한 화합물을 말한다. 이들은 생명을 구성하는 중요한 요소이다. 원시 지구에서의 유기물 생성에 대해서는 유명한 밀러의 실험(Miller-Urey experiment)을 통해 자외선과 번개의 강한 에너지로 인해 대기 중의 무기물로부터 유기물이 합성되었을 것이라는 가능성이 제기되고 있다. 또한 지구로 떨어진 소천체(운석)가 유기물을 가져왔다는 주장도 있다.

이러한 유기물은 비에 섞여 땅으로 쏟아져 바다에 축적됐다. 아미노산, 당, 핵 염기 등의 저분자 유기물은 서로 연결되기 쉬운 성질을 가지고 있다. 해저의 화산에서 공급된 열에너지로 저분자가 결합하고, 단백질, 탄수화물, 핵산 등 복잡한 고분자 유기물이 되어 간다. 그리고 해저에 퇴적된 금속화합물은 유기물을 흡착해서 저분자가 연결되는 화학반응을 도와주는 촉매 역할을 했다.

지표면을 날아다니는 자외선과 하전 입자*는 이런 고분자를 갈기갈기 찢을 정도로 파괴력이 있다. 바다는 자외선과 하전 입자를 밀어내고 고분자 유

---

* 이온화된 원자와 전하를 띠고 있는 입자.

기물을 부드럽게 감싸 안았다. 바다는 그야말로 생명의 요람이었던 것이다. 이렇게 해서 지구상에 생명이 탄생했다.

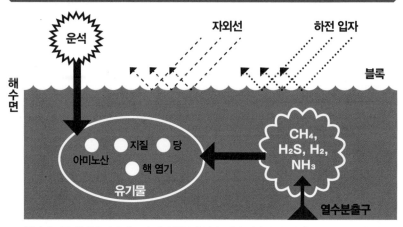

— 원시지구의 모습과 유기물의 생성 —

운석

자외선 · 하전 입자

해수면

블록

아미노산 · 지질 · 당 · 핵 염기
유기물

CH₄, H₂S, H₂, NH₃

열수분출구

원시 유기물 생성에 관해서는 몇 가지 학설이 있다. 해양 바닥의 열수분출구 근처는 물의 비등점이 수백°C나 되어 아미노산을 비롯한 많은 유기물이 생겼다고 여겨진다. 또한 운석과 함께 낙하한 지구 밖 생물체가 기원이라는 주장도 있다.

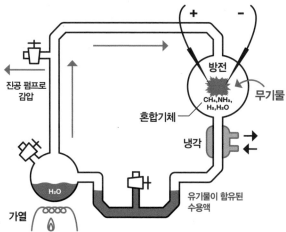

— 밀러의 실험 —

\+ \-

진공 펌프로 감압

방전
CH₄, NH₃, H₂, H₂O

무기물

혼합기체

냉각

H₂O

가열

유기물이 함유된 수용액

1953년 미국의 밀러(Miller, S.)가 한 실험. 지열 에너지에 의한 해수의 증발, 강우, 번개 등 원시지구를 예상해서 고안한 장치를 이용해 무기물에서 유기물이 생성되는 과정을 확인했다.

생명은 왜 바닷속에서 태어났을까?

02 산소는 원래 생물에게 독이었을까?

원시 생물과 당시의 지구 환경

　　　　　　식물이 광합성으로 만들어내는 산소가 존재하는 덕분에 동물이 서식할 수 있다.

　이런 상식에서 보면 산소는 생물에게 이로운 존재이다. 그러나 산소가 갑자기 돌변해서 마치 독처럼 해로운 물질로 변할 때가 있다. 그 이유는 산소가 화학적 반응이 뛰어나기 때문이다.

　산소에는 어떤 물질에도 반응하기 쉬운 성질(산화력)이 있다. 이런 산소의 능력은, 가령, 쇠가 산소와 만나면 산화철(녹)로 변하는 것을 상상하면 쉽게 이해된다.

　최근 들어 주목받는 활성산소는 산소에서 파생된 반응성이 아주 강한 산소 집단이다. 때로는 강한 반응성으로 체내에 침입한 바이러스를 파괴하기도 하는 한편 자기 조직에 해를 입히기도 한다.

　활성산소는 노화의 원인 중 하나로 여러 가지 병을 유발한다고도 알려져 있다*. 그래서 활성산소 제거는 미용업계에서 주목받고 있다. 녹이 슬어 너덜너덜해진 쇠처럼 피부가 형편없어지게 둘 수는 없는 일이다.

　이처럼 강한 산화력을 가진 산소는 생명이 탄생한 당시에는 치명적인 독가스였다. 그런데 산소가 존재하는 환경에서 살 수 없던 생명체 중에서 오히려 산소의 강한 산화력을 유용하게 활용하는 방법을 획득한 생물이 나타난 것이다. 그리고 산소를 이용해서 에너지를 생산하는 시스템을 확보한 생물은 더욱 진화를 거듭했다.

---

* 식생활이 불규칙해지고 스트레스, 담배 등으로 체내 활성산소와 항산화물질(antioxidant)의 균형이 깨지면 질병을 일으키는 원인이 된다고도 한다.

활성산소의 역할

활성산소는 산소를 흡입하면 반드시 생성된다. 몸을 지켜주기 때문에 필요한 산소이긴 하지만, 너무 많아지면 몸에 나쁜 영향을 미친다.

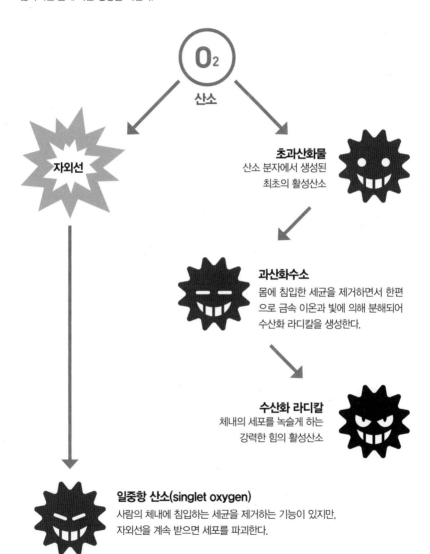

O₂
산소

자외선

초과산화물
산소 분자에서 생성된
최초의 활성산소

과산화수소
몸에 침입한 세균을 제거하면서 한편
으로 금속 이온과 빛에 의해 분해되어
수산화 라디칼을 생성한다.

수산화 라디칼
체내의 세포를 녹슬게 하는
강력한 힘의 활성산소

일중항 산소(singlet oxygen)
사람의 체내에 침입하는 세균을 제거하는 기능이 있지만,
자외선을 계속 받으면 세포를 파괴한다.

11

산소는 원래 생물에게 독이었을까?

03 오존층은 언제 어떻게 생긴 걸까?

산소의 발생과 생물의 진화

지구에 생명이 탄생한 것은 대략 40억 년 전이다. 최초의 생물은 해수에 풍부하게 함유된 유기물을 영양분으로 삼았다(p.8 참조). 생명이 탄생할 당시 바다는 유기물이 넘쳐나는 낙원이었지만, 이윽고 유기물을 전부 먹어치우면서 기아 상태가 된 생물 중에 무기물에서 유기물을 만들어 내는 생물이 나타났다.

27억 년 정도 전에 출현한 남세균(남조류)도 그중 하나로 엽록소(클로로필) 덕분에 햇빛을 이용해서 광합성을 하고 유기물을 합성하면서 스스로 생명활동의 에너지를 확보했다. 그리고 그 과정에서 방출된 산소가 서서히 지구를 뒤덮기 시작했다.

광합성 독립 영양 생물이 늘어날수록 방출된 산소도 증가하면서 지구환경에 큰 변화를 초래했다. 약 20억 년 전에는 바닷속에서 포화한 산소가 대기 중으로 방출되었고, 방출된 산소가 자외선의 에너지와 만나 오존이 발생한 것이다. 그리고 발생한 오존이 계속 축적되어 생긴 것이 오존층이다. 처음 오존이 발생할 당시 오존층은 성층권*에 있지 않았다. 산소가 적었던 당시에는 자외선이 지상 근처까지 도달할 수 있기 때문에 오존층은 지상에서 가까운 곳에 머물 수 있었다.

그러나 머지않아 산소 농도가 높아지면서 자외선이 도달할 수 있는 한계 고도가 높아지고, 그로 인해 오존층도 상승해서 약 4억 년 전쯤에는 지금처럼 오존층이 성층권에 형성되었다고 한다.

---

* 중위도에서 대략 고도 11km에서 50km 사이에 위치한다.

오존층은 유해한 자외선으로부터 생명을 지켜주었고, 이런 과정을 통해 동물이 바닷속에서 육지로 올라올 준비가 마련된 것이다.

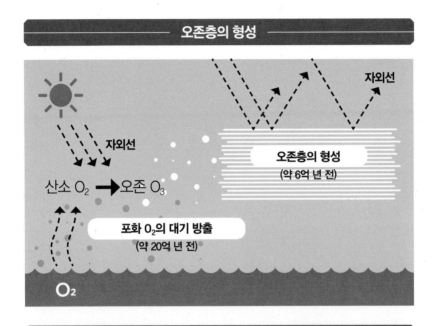

오존층의 형성

자외선

오존층의 형성
(약 6억 년 전)

자외선

산소 O₂ ➡ 오존 O₃

포화 O₂의 대기 방출
(약 20억 년 전)

O₂

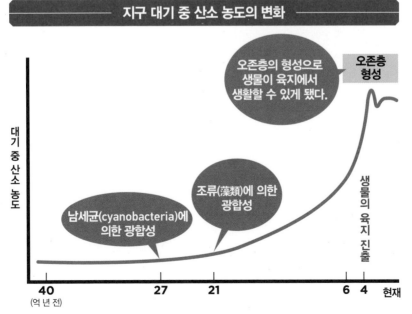

지구 대기 중 산소 농도의 변화

오존층의 형성으로
생물이 육지에서
생활할 수 있게 됐다.

오존층
형성

대기 중 산소 농도

생물의 육지 진출

조류(藻類)에 의한
광합성

남세균(cyanobacteria)에
의한 광합성

40   27   21   6 4   현재
(억 년 전)

04 캄브리아기 대폭발은 무엇이 폭발한 걸까?

캄브리아기 생물의 다양화

캄브리아기 대폭발(Cambrian Explosion)이란 고생대 캄브리아기인 5억 4천 2백만 년 전부터 5억 3천만 년 전 사이에 생명체가 폭발적으로 늘어난 현상을 말한다. 여하튼 폭발도 폭발이지만, 그때까지 수십만 종밖에 없던 생물이 이 시기에 갑자기 1만 종이나 증가한 이유는 무엇일까? 하는 궁금증은 오랜 시간 수수께끼로 남았다. 캄브리아기 대폭발은 생물의 진화가 서서히 축적된다는 다윈의 진화론까지 뒤집는 현상이다.

캄브리아기 대폭발의 원인에 관해서는 유력한 학설이 여러 개 있는데, 그 중에서 눈이 있는 생물의 탄생을 제시한 앤드루 파커(Andrew Parker)의 주장에 따르면 그 시대에 눈을 가진 생물, 즉 삼엽충이 태어났다. 눈을 가진다는 것은 포식이라는 관점에서 굉장히 유리하다. 앤드류 파커에 따르면 눈의 우열이 생사를 가르는 치열한 경쟁 속에서 다양한 종류의 눈이 태어났고, 그 결과 생물의 종이 폭발적으로 늘어났다고 한다.

또 하나는 조 커쉬빙크(Joseph Kirschvink) 교수가 발표한 눈덩이 지구(Snowball Earth)*와 그 종결이 관련되어 있다는 주장이다. 8억 년부터 6억 년 전 사이에 지구는 얼음으로 덮여 있었다. 10억 년 전에 탄생한 다세포 생물은 빙하기에 해저의 열원 근처인 아주 제한된 장소에서 겨우 살아남았다. 그리고 지리적 격리는 갈라파고스섬의 경우에서 보듯 생물의 다양화를 촉진하였다. 다양화된 생물 중에서는 포식을 위해 원구(原口)를 획득한 것이 생겨났

---

* 지구 전체가 얼어붙은 상태로 그때 생물이 대량으로 멸종되었다고 한다. 과거 3차례 있었다는 주장도 있다.

고, 생존 경쟁은 더 치열해졌다. 게다가 눈덩이 지구가 끝나면서 지구가 온 난화로 접어들자 환경에 적응하기 위한 진화도 나타나면서 캄브리아기 대폭발을 일으켰다는 것이다. 캄브리아기 대폭발로 오늘날 볼 수 있는 동물의 문 (門, 생물을 분류하는 범주 중 하나. p.109 참조)이 전부 출현했다고 한다.

생물의 변천

선캄브리아기	**46**억년전 지구 탄생	
	40억년전 생명 탄생	
	27억년전 광합성 물질 출현	
	21억년전 진핵 생물 출현	
	10억년전 다세포 생물 출현	
고생대	**5.4**억년전 캄브리아기 대폭발	
	4.5억년전 육지 생물 출현	

캄브리아기 대폭발은 무엇이 특별한 걸까?

05 지구 역사상 최초의 육지 생물은 무엇일까?

생물의 육지 진출

오존층으로 인한 자외선 차단은 생물의 육지 진출을 촉진했다. 최초로 육지로 올라온 생물은 녹조류에서 진화된 선태류, 양치류로 4억 5천만 년 전쯤의 일이다. 둘 다 원시적인 구조에 대해 알려주는 식물로 종자가 아닌 포자로 번식한다(p.48 참조).

양치류는 육지 생활에 적응하기 위해서 관다발을 만들어냈다. 관다발이란 물과 무기양분, 광합성으로 만들어진 유기양분을 식물 전체로 운반하는 이동통로이다. 또한 양치류는 뿌리, 줄기, 잎 등 각각 역할이 다른 기관도 가지고 있다(p.69 참조). 이와 같은 특징은 그 후에 나타나는 종자식물에서도 여전히 관측된다.

그때까지 육지는 바위투성이었는데, 양치류의 번성으로 땅에서도 식물이 자라게 됐다. 게다가 죽거나 시들어 떨어진 식물체에 들어 있는 셀룰로스(cellulose, 다당류)는 다음 세대의 양분이 되었고 세균류의 번식에도 기여했다.

식물보다 조금 뒤처졌지만 곤충류도 4억 년 전쯤에 육지로 진출했다. 곤충은 몸속 여기저기에 기공(p.50 참조)이라는 호흡 구멍이 있는 덕분에 육지에서 산소를 받아들이는 데 빠르게 대응할 수 있었다.

척추동물의 상륙은 담수어류가 발단이었다. 하천은 바닷속과 비교해서 얕고 장해물도 많다 보니 때에 따라서는 헤엄보다는 기는 편이 이동하기 쉬웠기 때문에 지느러미를 다리처럼 발달시킬 필요가 있었다. 담수어류는 피부와 호흡 방법도 육지 생활에 적응시켜 나갔다. 그리고 3억 5천만 년 전쯤에 이러한 진화 과정을 거쳐 탄생한 양서류가 육지로 진출했다.

생물이 육지로 진출

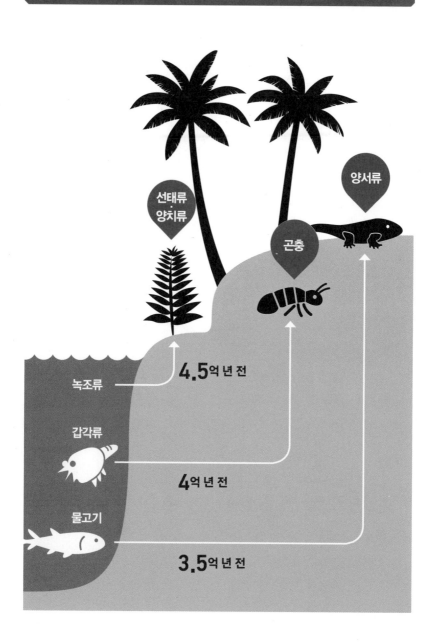

양서류

선태류·양치류

곤충

녹조류

4.5억 년 전

갑각류

4억 년 전

물고기

3.5억 년 전

06 포유류인 오리너구리는 왜 알을 낳을까?

양서류의 진화와 포유류의 탄생

오리너구리라는 생물을 들어본 적이 있을 것이다. 오스트리아에서 서식하는 포유류의 일종이다. 오리너구리를 실러캔스(4억 년 전에 바다에 생존하던 오래된 물고기)와 나란히 살아있는 화석으로 여기는 이유는 무엇일까?

오리너구리는 포유류라고 불리는 만큼 모유로 새끼를 키우지만 젖꼭지가 없다. 새끼는 어미 배에서 나오는 모유를 핥아 먹는다. 알을 낳는다는 점도 포유류로서는 매우 이례적이다. 오리너구리는 파충류와 더불어 양서류에서 분리된 포유류의 진화 과정을 구체적으로 보여준다고 할 수 있다.

3억 5천만 년 전 어류에서 양서류가 태어났다는 것은 앞에서 언급한 대로이다. 그런데 양서류는 물가를 떠날 수 없다는 약점이 있었다. 만약 물가에서 벗어날 수 있다면 더 자유로운 포식 생활도 가능했을 텐데 말이다. 그래서 탄생한 것이 양막류이다.

양막*이 있어 알을 껍데기로 보호하면서 지상에서도 키울 수 있고, 또한 생식 능력이 있는 성숙한 동물에 가까운 형태가 될 때까지 껍데기 속에서 성장할 수 있다는 큰 이점이 있었다.

양막류는 후에 파충류로 진화하는 석형류와 단궁류로 진화하고, 단궁류 일부에서 포유류가 나타났다. 이것이 2억 2천 5백만 년 전쯤의 일로, 그 후 지구는 공룡 전성시대를 맞이한다. 이 시기에 포유류의 대부분은 쥐 정도의 크기로 포식자인 공룡을 피해서 밤에 활동했다.

---

* 태아와 양수로 불리는 액체를 감싸는 막. 태아가 건조해지지 않도록 보호하는 덕분에 물속에서 부화할 필요가 없어졌다.

포유류는 진화를 거듭하면서 현재의 캥거루가 속하는 유대류에서 인간을 포함한 포유류 대부분이 속하는 태반류로 분기한다. 그리고 약 6천 6백만 년 전에 공룡이 멸종한 후에는 포유류가 일약 육지의 주인공이 되었다.

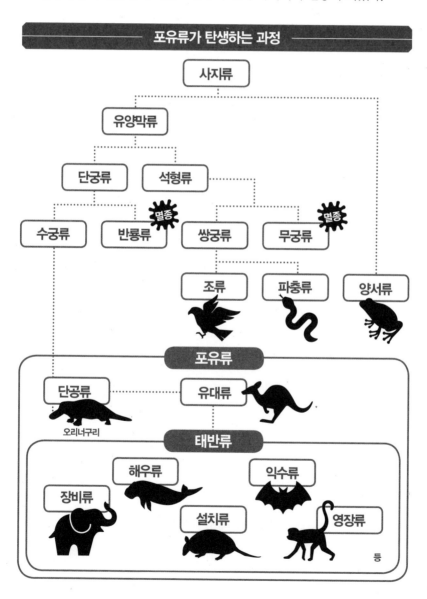

포유류가 탄생하는 과정

07 뱀은 왜 다리가 사라진 걸까?

용불용설과 자연선택설

뱀은 1억 년 정도 전쯤에 도마뱀의 일부에서 분기된 것이라고 한다. 그렇다면 어떤 이유에서 다리가 사라진 걸까?

18세기 무렵부터 생물학자들은 생물의 진화를 둘러싼 뜨거운 논쟁을 거듭했다. 그중에서도 유력한 학설은 라마르크(Jean Baptiste Lamarck)가 주장한 용불용설(用不用說)이다. 즉, 생물이 환경에 적응하기 위해 자주 사용하는 기관은 발달하고 사용하지 않는 기관은 퇴화하면서 생존 중에 생긴 변화가 자손한테도 이어진다는 관점이다. 뱀을 예로 들면, 도마뱀의 일부가 숲속 낙엽 아래나 부드러운 모래 속에서 생활하면서 다리로 파헤치며 움직이기보다는 몸을 뒤틀어서 움직이는 편이 효율적이라 몸으로 이동하다 보니 어느새 다리가 쇠퇴했고 그 상태가 다음 세대로 이어졌다는 것이다.

그러나 곰곰이 생각해보면 살아있는 동안에 몸으로 익힌 습관이 자손한테 이어진다는 것은 유전학에서는 불가능한 일이다. 근력 운동으로 탄탄한 근육을 가진 아버지가 낳은 자식이 태어났을 때부터 근육질일 수는 없기 때문이다.

용불용설을 대신한 학설이 다윈(Charles Robert Darwin)이 처음으로 주장한 자연선택설(自然選擇說)이다. 우연히 발생한 돌연변이가 자연환경과 생존경쟁 등의 필터를 통해 진화에 영향을 미친다는 관점이다.

예를 들어 먹이를 얻기 위해 혹독한 생존경쟁을 벌여온 도마뱀 중에서 다리를 잃은 돌연변이가 나타났다고 하자. 다리가 없는 도마뱀은 발소리를 내지 않고 먹이에 다가갈 수 있다는 점에서 다른 개체보다도 생존 경쟁에 유리해진다. 정말 다윈의 자연선택설에 딱 맞는 예시이다. 다윈의 주장처럼 다리가 없는 도마뱀은 이렇게 해서 뱀으로 진화된 것이다.

용불용설(用不用說)

기린의 조상은 나뭇잎을 따 먹기 위해 목과 다리를 길게 늘이다가 높은 나무의 잎사귀도 닿을 수 있게 목이 길어졌다.

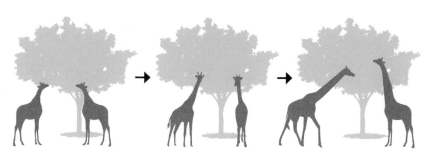

자연선택설(自然選擇說)

기린의 조상 중에는 돌연변이로 목이 긴 것과 짧은 것이 있었는데, 높은 나무의 잎사귀에 닿는 기린만 살아남았다.

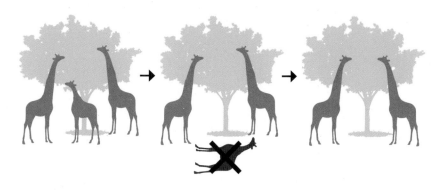

08 인간은 왜 체모를 잃은 걸까?

인류의 진화

포유류를 가리키는 짐승이라는 단어의 어원은 털북숭이다. 털은 포유류의 대표적인 특징이다. 체모는 체온을 유지하고 체표를 보호하는 기능을 한다.

그러나 포유류 중에는 체모가 없는 종(種)도 있다. 예를 들면 고래와 같은 수생동물은 물속에서 유영할 때 저항을 줄이기 위해서, 기온이 높은 지역에 사는 거대한 코뿔소와 코끼리는 체온이 지나치게 올라가는 것을 막기 위해서 털이 없다. 인간도 체모가 별로 없다. 왜 인간은 체모가 적은 것일까?

옛날에는 다윈이 주장한 성 도태설을 유력하게 받아들였다. 인간의 체모가 퇴화한 이유는 남성의 취향에 맞추기 위한 결과라는 것이다. 즉 체모가 적은 남녀가 번식할 확률이 높아지면서 체모가 적은 방향으로 도태되었다는 주장이다.

그러나 최근에는 직립보행을 하게 되면서 생활양식이 급변하여 체모가 사라졌다는 설이 유력하다. 사람속(Homo)이 출현하기 이전에는 인간의 선조인 원인 오스트랄로피테쿠스(猿人, Australopithecus)는 체모로 덮여 있었다. 하지만 숲에서 초원으로 진출하면서 점점 이동 거리가 넓어지자 체온을 높이는 체모는 오히려 방해가 되고 커진 뇌조차 체온 상승을 싫어했다.

이런 여러 가지 이유로 차츰 인간의 체모가 사라지고 사람속 초기 시대에는 이미 체모가 없었을 것으로 여겨진다. 한편으로 체모를 잃은 까닭에 털을 곤두세워 화를 표현할 수 없게 된 것은 풍부한 표정과 몸짓을 이용한 커뮤니케이션 발달에 한몫했다고도 한다.

원인(猿人)

오스트랄로피테쿠스
300만 년 전

원인(原人)

호모 에렉투스
200만 년 전

구인(舊人)

호모 네안데르탈인
70~80만 년 전

신인(新人)

호모 사피엔스
20만 년 전~

머리를 보호하기 위해
머리카락만 남고 대부분의
체모는 사라졌다.

COLUMN
1

펭귄이 날지 못하게 된 건 진화일까?

자연선택과 생존경쟁

육지를 뒤뚱뒤뚱 걷는 펭귄의 모습은 사랑스럽다. 귀여운 모습 덕분에 동물원에서도 인기가 많은 동물이다. 그러나 일단 바닷속으로 들어가면 육지에서는 상상할 수 없을 정도의 민첩함을 발휘하여 먹이를 잡는다. 바다를 '난다'라고 표현하고 싶어질 만큼 뛰어난 움직임이다. 그것은 오래전에 펭귄이 하늘을 날던 모습을 방불케 한다.

펭귄은 틀림없는 조류이다. 용골돌기(龍骨突起)와 미추골(尾椎骨) 등 비상의 흔적이 남아 있는 것을 보면 옛날에는 날았던 모양이다. 그렇다면 왜 날지 않게 되었을까? 사실 펭귄의 진화 과정은 오랫동안 과학적으로 해명되지 않았다. 최근 들어 드디어 펭귄처럼 잠수 능력이

뛰어난 큰부리바다오리의 행동을 조사하고 분석한 결과 펭귄이 날지 못하게 된 과정이 밝혀졌다. 연구에 따르면 큰부리바다오리가 비행할 때 쓰는 에너지 소비량은 조류의 평균치와 비교해 훨씬 많았다. 이를 통해 미루어 짐작컨대, 펭귄도 같은 상황에서 몸에 부담이 큰 비행이라는 수단을 포기하는 방향으로 진화되었을 것으로 추정된다.

비행을 포기한 펭귄은 여느 조류와는 다른 모습으로 변했다. 몸은 점점 커지고 지방을 저장할 수 있게 되었다. 날개는 헤엄치기에 적합한 물갈퀴로 변했고 육지에서는 몸을 수직으로 세우게 되었다. 육지에 천적이 없던 이유도 그런 변화와 관련성이 있다고 생각된다.

할아버지 시절에는
날 수 있었어요?

제 2 장

세포의 구조와 역할

09 인간의 몸은 몇 개의 세포로 이루어졌을까?

다세포 생물의 개체가 성립되는 과정

지구에서 생명이 태어난 것은 대략 40억 년 전 일이다. 서로 결합하는 성질을 가진 복잡한 분자가 형성되면서 최초의 생명체가 탄생했다.

생명이 처음 탄생했을 때는 단 하나의 세포(단세포 생물)였는데, 세포끼리 결합하면서 서로 다양한 기능을 보완하게 되었다.

세포는 영어로 'cell'이라고 한다. 표 계산 프로그램인 엑셀(Excel)의 '셀'과 같은 어원으로 그리스어로 '작은 방'이라는 의미이다. 이름처럼 세포막으로 덮인 작은 방 안에는 유전 정보를 넣어 둔 핵과 에너지 생산 공장인 미토콘드리아, 단백질 제조 공장인 리보솜(ribosome) 등의 세포소기관(細胞小器官)이 들어 있다(p.29 참조). 즉 생명 활동을 지탱하는 최소 단위가 세포이다.

한편 다세포 생물이란 다수의 세포로 이루어진 생물이다. 생물은 도대체 몇 개의 세포로 이루어졌을까?

인간을 예로 들어보자. 인체 1kg당 평균 세포의 수는 1조 개로, 즉 체중이 60kg이라면 약 60조 개의 세포를 가진다[*]. 이들 세포는 매일매일 각자 맡은 역할에 최선을 다하고 있다.

그리고 세포에 따라서 주기는 다르지만, 하루에서 수개월 주기로 죽음을 맞이하고[**], 새롭게 태어난 세포가 그 일을 이어받는다. 세포의 교체는 1분간 수억 개나 이루어지기도 한다. 우리의 일상 활동은 이와 같은 세포의 헌신으로 유지되는 것이다.

---

[*] 수학적 접근에 따르면 37조 개라는 설도 있다.

[**] 골세포(骨細胞)의 수명은 수십 년이다.

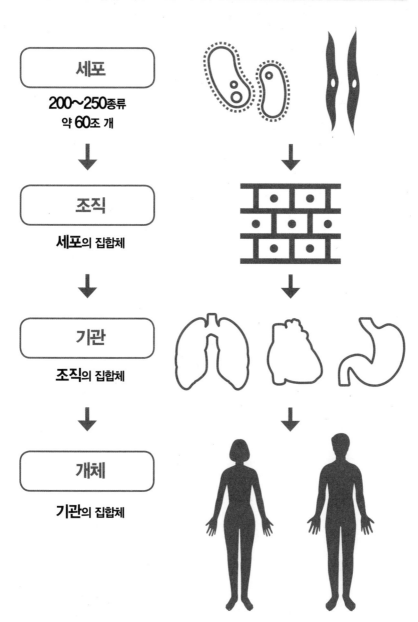

인간의 몸이 성립되는 과정

세포

200~250종류
약 60조 개

↓

조직

세포의 집합체

↓

기관

조직의 집합체

↓

개체

기관의 집합체

10 코끼리와 개미는 세포의 크기가 같을까?

개체의 크기와 세포의 크기

코끼리는 몸집이 아주 크기 때문에 세포 하나도 거대할 것 같지만, 사실 세포의 크기는 종에 상관없이 대부분 비슷하고 1㎜의 1,000분의 1단위인 마이크로미터(㎛)로 표시된다[*]. 즉 코끼리도 개미도 기본적으로 세포의 크기는 크게 다르지 않다. 그러나 세포의 수는 전혀 다르다. 생물의 평균 세포 수는 1kg당 1조 개이니까 그 차이는 확연하다.

왜 세포는 생물의 종류와 몸의 크기에 따라 커지지 않는 걸까? 그 이유를 다음 두 가지로 설명할 수 있다.

첫 번째는 물질 운반에 따른 제약이다. 세포는 유전 정보에 따라 항상 단백질을 합성한다. 그리고 세포 내에서는 생명 활동을 유지하기 위해 끊임없이 단백질을 운반하고 있다. 그런데 세포의 크기가 크면 구석구석까지 신속하게 전달하는 데 지장이 생길 수도 있다. 또한 생명 활동의 결과로 생기는 불필요한 물질을 효율적으로 배출할 때도 세포가 너무 크면 불리하다.

한 가지 덧붙이면 단단함을 확보하기 위한 제약이다. 같은 재질로 만들어졌다면 클수록 단단해지기 어렵다. 예를 들어 물이 채워진 풍선을 생각해 보자. 작은 풍선은 흔들어서 충격을 줘도 별로 영향을 안 받지만, 큰 풍선은 안에 들어 있는 물의 움직임이 커지는 만큼 미치는 영향도 크다. 즉 크면 클수록 쉽게 깨진다. 이러한 위험을 피하기 위해서 세포는 더 커지지 않는 것이다.

---

[*] 대부분의 단세포 생물도 같은 크기이다.

동물 세포의 모양

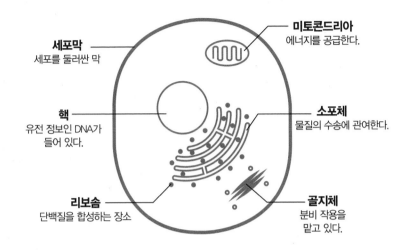

세포막
세포를 둘러싼 막

미토콘드리아
에너지를 공급한다.

핵
유전 정보인 DNA가
들어 있다.

소포체
물질의 수송에 관여한다.

리보솜
단백질을 합성하는 장소

골지체
분비 작용을
맡고 있다.

개체의 세포 수

세포의 크기는 같다.

체중 5t인 코끼리의 세포 수는 약 5천조 개,
체중 10mg 개미의 세포 수는 약 1,000만 개.

11 맨눈으로 볼 수 있는 세포가 있을까?

세포의 크기

세포가 처음 발견된 것은 1665년의 일이다. 로버트 훅(Robert Hooke)이 자신이 만든 현미경으로 코르크를 관찰하던 중에 발견했고 마티아스 슐라이덴(Matthias Jakob Schleiden)이 이름을 붙였다.

19세기가 되면서 현미경의 성능은 비약적으로 향상되어 세포 관찰도 발전하게 된다. 생물이 세포로 구성되었고 세포 증식을 하면서 성장한다는 사실은 이때 밝혀졌다.

20세기에 들어서 전자현미경이 등장하면서 세포의 관찰과 연구는 한층 더 진전했고, 생물학이나 의학의 발전에도 크게 이바지하게 되었다.

이와 같은 과정을 돌아보면 세포 연구는 현미경의 발달과 함께 발전해왔다고 할 수 있다. 인간의 세포를 예로 들면, 평균 크기는 $15\mu m$*이기 때문에 육안으로 식별하기는 불가능하다. 즉 현미경 없이는 관찰할 수 없다.

세포는 현미경이 없으면 관찰하지 못할 정도로 작은 것은 사실이지만, 일부 해당하지 않는 세포도 있다는 점에는 별로 관심이 없다.

예를 들어, 달걀의 노른자는 3㎝ 정도인데, 이것은 하나의 난세포이다. 타조알의 노른자는 더욱 커서 지름이 7㎝나 된다. 조류뿐만 아니라 생물의 난세포는 다른 세포에 비해 크기가 커서 맨눈으로 확인할 수 있는 것이 꽤 있다. 인간의 난자도 예외는 아니어서 0.14㎜ 정도의 크기라 식별이 가능하다.

게다가 단세포 생물 중에서도 육안으로 볼 수 있는 큰 것이 존재한다. 녹

---

* 1마이크로미터(μm)는 0.001mm이고 15μm는 0.015mm

조류에 속하는 발로니아 벤트리코사(Valonia ventricosa)는 3㎝ 정도이고, 심해에서 서식하는 원생동물 크세노피오포어(Xenophyophore)는 지름이 20㎝나 되는 큰 것도 있다.

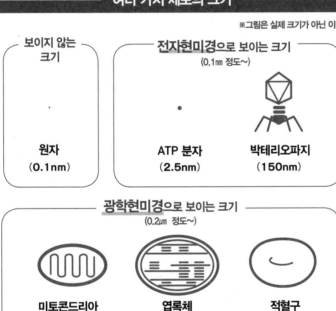

여러 가지 세포의 크기

※그림은 실제 크기가 아닌 이미지이다.

보이지 않는 크기

원자
(0.1nm)

전자현미경으로 보이는 크기
(0.1nm 정도~)

ATP 분자
(2.5nm)

박테리오파지
(150nm)

광학현미경으로 보이는 크기
(0.2㎛ 정도~)

미토콘드리아
(2㎛)

엽록체
(5㎛)

적혈구
(7㎛)

육안으로 보이는 크기
(0.1mm 정도~)

짚신벌레
(200㎛)

두꺼비 알
(3mm)

닭의 알
(3cm)

12 머리를 부딪치면 진짜 기억상실에 걸릴까?

뇌의 신경세포와 기억의 구조

전봇대에 머리를 부딪히고 그 충격으로 모든 기억이 사라졌다! 만화나 드라마에서 자주 등장하는 설정이다. 이런 일이 실제로 일어날 수 있을까?

뇌의 신경세포는 정보 처리와 정보 전달에 특화된 신경계의 최소 단위이다. 구조가 독특한데, 세포핵을 가진 신경세포체, 신경세포체에서 길게 뻗은 축삭돌기, 그리고 짧은 돌기인 가지돌기 등으로 이루어져 있다.

정보 전달의 구조를 간단히 설명하면 신경세포가 자극을 받으면 활동 전위가 발생하고 그것을 신호로 세포 간에서 정보를 전달한다. 그러나 신경회로는 전기회로와는 달라서 축삭돌기의 끝과 신호를 받는 세포 사이에 있는 시냅스(synapse)라는 작은 틈으로 전기가 통과하지 못한다. 생물은 시냅스 간에서 신경전달물질이라는 화학물질의 도움을 받아 신호를 전달하는 것이다. 이와 같이 뇌에서는 신경세포와 신경세포가 복잡하게 얽힌 네트워크가 만들어진다. 기억이 형성된다는 것은 곧 시냅스가 정보를 전달하기 쉬운 상태로 변하는 것을 의미한다[*].

기억에는 장기기억과 단기기억 두 종류가 있는데, 예를 들어 시험 전날 밤에 벼락치기 암기는 단기기억에 해당한다. 단기기억은 길어야 며칠 후면 사라진다. 그리고 남아 있는 기억이 머지않아 장기기억으로 바뀌어 기억으로 저장된다. 이와 같은 기억의 전환에는 대뇌의 해마(海馬)라는 부분이 관여

---

[*] 두뇌에서 주고받는 정보가 많을수록 시냅스도 많아진다. 인간의 생애 중에 뇌의 시냅스 밀도가 가장 높은 시기는 생후 6개월부터 1년이라고 한다.

한다고 한다.

기억상실은 물리적이거나 심리적 요인으로 해마가 타격을 받으면 발생한다. 머리를 강하게 부딪쳐서 기억상실에 걸린다……. 그렇게 강한 충격을 받는다면 생명까지 위태로운 상태일 것이다.

신경세포의 구조

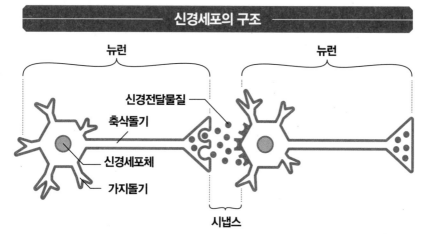

뉴런

뉴런

신경전달물질

축삭돌기

신경세포체

가지돌기

시냅스

신경세포는 신경세포체와 축삭돌기, 가지돌기를 한 개의 단위로 생각해 뉴런이라고 한다. 뉴런끼리의 접합부가 시냅스. 시냅스에서는 전달된 전기신호를 화학물질의 신호로 바꿔서 다음 신경세포로 정보를 전달한다.

해마와 대뇌피질

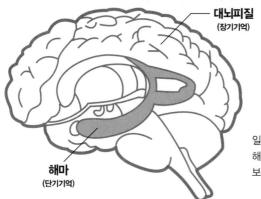

대뇌피질
(장기기억)

일상에서 생긴 일이나 기억한 정보는 해마 속에서 정리된 후 대뇌피질에 보관된다.

해마
(단기기억)

13 '만능세포'라고 불리는 ES 세포란 무엇일까?

자기복제능과 다분화능

생명과학은 눈부시게 발전하고 있는데, 최종 목표는 의료 분야에 기여하는 것이다. 예를 들어 한 번 망가지면 재생하지 않는 신경계의 세포를 인공적으로 회복시키는 일이 가능하다면……. 이와 같은 재생의료와 관련해서 시선을 끄는 것이 줄기세포(stem cell)이다.

줄기세포는 분열해서 자신의 완전한 복제를 만드는 자기복제능과 어떤 세포로도 분화할 수 있는 다분화능을 겸비하고 있다.

줄기세포 중에서 일반적으로 널리 알려진 것은 배아줄기세포(embryonic stem cell)이다. 영어의 첫 글자만 따서 ES 세포라고 부른다. ES 세포는 임신 직후 배(胚)에서 신체의 조직이 될 세포 일부(내세포 집단, inner cell mass)를 떼어내서 만든 것으로 계속 증식할 수 있다. 게다가 다양한 세포로 분화할 수 있는 능력을 갖추고 있기 때문에 배양액의 조성을 바꿔서 신경세포, 심장이나 근육의 골격근, 혈관이나 혈액 세포는 물론 피부의 세포 조직까지 만들 수 있다.

이것이 소위 만능세포라고 부르는 이유로, 의료분야에 응용이 기대되고 있으며 이미 활용되고 있다.

그러나 ES 세포의 활용을 위해서는 수정란에서 배아를 떼어내야 한다.

이것은 생명의 싹을 꺾어버리는 것을 의미한다. 선진국에서도 인간의 ES 세포 제작을 엄격하게 규제하는 나라가 적지 않다. 일본도 예외는 아니어서, 불임 치료에서 동결 보존된 배아 중에서 모체로 돌아가지 못한 채 폐기 처분이 결정된 남은 배아에 한해서만 인간 ES 세포의 제작이 허용되고 있다[*].

---

[*] 문부과학성 및 후생노동성이 〈인간 ES 세포 수립에 관한 지침〉을 정해두었다.

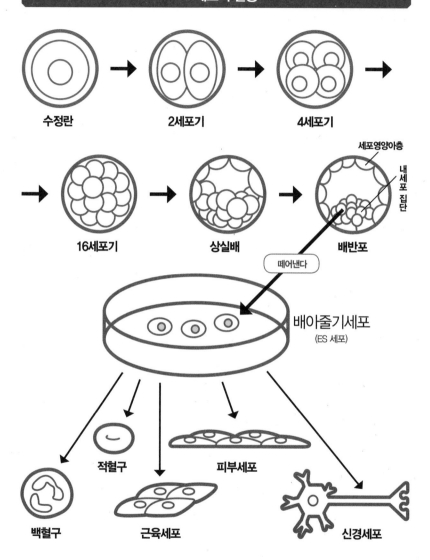

ES 세포의 활용

수정란 → 2세포기 → 4세포기

→ 16세포기 → 상실배 → 배반포

세포영양아층
내세포집단

떼어낸다

배아줄기세포
(ES 세포)

적혈구
백혈구
근육세포
피부세포
신경세포

단 하나의 수정란에서 난할을 반복하여 초기배가 되면, 장래 신체를 구성하게 되는 내세포 집단과 장래 태반이 되는 세포영양아층으로 나뉜다. 내세포 집단을 떼어낸 세포가 ES 세포이다.

14 iPS 세포는 모발이 적어서 고민하는 이들의 구세주가 될까?

의료 신기술 개발

인간이 세상에서 생명을 얻었을 때는 하나의 수정란에 불과했다. 그것이 분열을 반복하면서 다양한 세포가 되어 인간으로 형성된다. 만약 수정란처럼 만능한 세포가 있다면 의료 분야, 특히 재생의료 분야는 비약적으로 진보할 것이 분명하다고 연구자들은 생각했다. 그리고 앞에서 이야기한 ES 세포가 태어났다. 그러나 수정란에서 배아를 떼어낸다는 윤리적인 문제가 ES 세포를 이용한 연구에 장벽이 된 것도 사실이다.

한편 iPS 세포[*]는 생체의 피부 조직과 혈액에서 채취한 세포를 기반으로 만든 만능세포이다. 한 번 분화해서 만능성을 잃은 세포에 야마나카 인자(Yamanaka factors)[**]를 도입하기만 해도 세포가 초기 단계로 돌아가 다시 만능성을 갖게 된다는 사실이 밝혀졌다. 이를 계기로 재생의료 연구 및 신약 개발 연구가 단숨에 발전하게 되었다.

iPS 세포를 이용한 재생의료는 이미 임상 단계에 접어들었다. 2014년에는 황반변성이라는 안질환을 앓는 환자를 대상으로 자신의 피부에서 떼어낸 iPS 세포로 망막을 만들어 이식하는 수술을 했다.

척수 손상 환자를 대상으로 한 iPS 세포의 임상 연구 외에 시신경, 신경세포 등의 제작도 시작됐다. 한발 더 나아가 장기 제작 연구도 진행되고 있다.

여기서 다시 모발이 적은 고민에 대해서도 보자. 모발이 적어진 이유는

---

[*]   2006년 야마나카 신야(山中伸弥)가 이끄는 도쿄대학 연구팀이 세계에서 처음으로 제작에 성공한 인공 만능 줄기세포

[**]   세포의 초기화와 관련되는 인자로 Oct 3/4, Sox2, Klf4, c-Myc의 4개이다.

머리카락을 만들어내는 세포가 죽기 때문이다. 그렇다면 iPS 세포를 머리카락을 생성하는 세포로 분화해서 두피에 심는다면 머리카락은 다시 자라날까? 기대는 점점 커지지만, 황반변성을 수술할 때 세포를 제작하는 데만 5,000만 엔이 들었다고 한다.

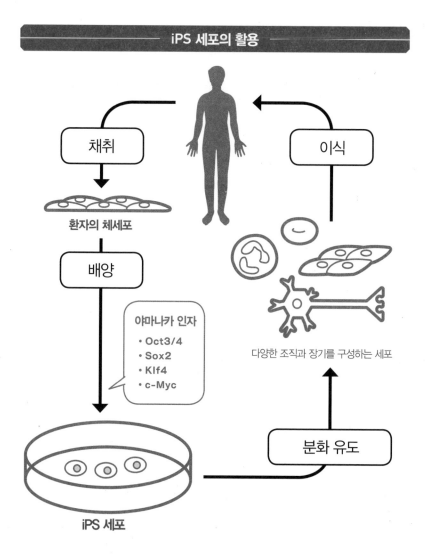

iPS 세포의 활용

채취

이식

환자의 체세포

배양

야마나카 인자
• Oct3/4
• Sox2
• Klf4
• c-Myc

다양한 조직과 장기를 구성하는 세포

분화 유도

iPS 세포

iPS 세포는 모발이 적어서 고민하는 이들의 구세주가 될까?

15 웃으면 생기는 세포가 정말 있을까?

면역력과 관계있는 세포

'웃으면 복이 온다'고 하는데, 웃음은 복 뿐만 아니라 건강도 가지고 온다는 사실이 여러 연구를 통해 밝혀지고 있다. 특히 주목을 받는 것은 면역력과의 관계이다.

1980년대 연구에서는 웃으면 림프구 중 하나인 NK 세포(natural killer cell)가 활성화된다는 사실이 보고되었다. 그 연구내용을 인정하고 피험자에게 생방송 코미디쇼를 보여주면서 NK 세포수의 증가를 조사하는 실험도 실시되었다[*].

NK 세포의 NK는 내추럴 킬러(natural killer)의 약자로 우리 몸이 자연스럽게 갖춘 면역기능이다. 번역에 따라서는 '자연살해 세포'로 이해될 수도 있다. 위험한 이름이지만, 그들이 죽이는 것은 암세포나 바이러스에 감염된 세포이니 오히려 든든한 경비원이다.

항원제시세포(Antigen Presenting Cell)는 체내를 순찰하는 역할을 한다. 이물(항원)을 발견하면 세포 내로 이입한 후 헬퍼 T세포(helper T cell)에 그 정보를 전달한다. 정보를 받은 헬퍼 T세포는 킬러 T세포(killer-T-cells)에 공격하라는 명령을 내린다. 그 공격력은 무시무시해서 암세포를 죽이는 위력도 있다. 또한 헬퍼 T세포는 B세포에 명령을 내리고 B세포는 적을 포획하기 위해 항체를 만든다. 즉 항체가 이물을 공격하는 것이다. 그리고 이물이 다시 들어오면 항체를 단숨에 만들어 격퇴할 수가 있다. 한 번 걸리면 재발하지 않는 병이 있는 것은 이런 이유 때문이다. 예방접종은 이와 같은 시스템을 이

---

[*] 이 실험에서는 19명 중 14명의 NK 세포수가 증가했다.

용해서 바이러스의 독성을 약하게 하는 면역원(백신)을 미리 체내에 주입하여 항체를 만들어두는 것이다.

　NK 세포는 그런 팀워크에 참가하지 않는 소위 프리랜서와 같은 존재이다. 그들이 활약해주길 바란다면 항상 즐겁게 생활하도록 노력하자.

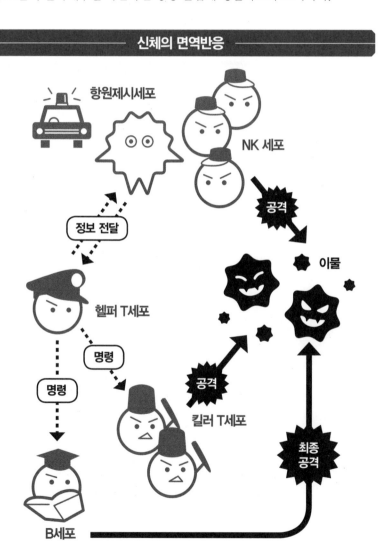

신체의 면역반응

항원제시세포

NK 세포

정보 전달

공격

이물

헬퍼 T세포

명령

공격

킬러 T세포

명령

최종
공격

B세포

39

웃으면 생기는 세포가 정말 있을까?

16 몸속에는 자살하는 세포가 있다?

아포토시스와 네크로시스

개구리의 유생인 올챙이는 몸의 절반 정도를 차지하는 멋진 꼬리가 인상적인데, 개구리로 변하면 꼬리는 사라진다. 이때 꼬리에서는 세포에 미리 프로그램된 세포자살 아포토시스(apoptosis)[*]가 일어난다.

아포토시스는 세포가 스스로 죽음을 선택하는, 말하자면 세포의 자살이다. 개구리의 변태처럼 미리 정해진 시기에 정해진 장소에서 자살하도록 유전자에 엄밀히 프로그램으로 입력되어 있다. 즉 충동적인 죽음이 아닌 결심한 자살이다.

또한 세포에 이상이 생겼을 때 세포가 자발적으로 죽음을 선택하는 경우도 있다. 이 경우에는 정해진 조건에서 기동하는, 이른바 자살장치에 비유할 수 있다. 즉 몸에 유해한 세포를 제거할 목적으로 세포자살이 일어나는 것이다.

아포토시스의 스위치가 켜지면 먼저 세포내 핵에 큰 변화가 생긴다. 핵은 응축하고 DNA가 단편화되다가 이윽고 아포토시스 소체라고 불리는 것으로 흩어진 상태가 된다. 그리고 대식세포(매크로파지, macrophage)와 같은 큰 포식 세포에 소체가 먹혀버리면서 세포가 완전히 사라지게 된다. 이때 세포의 내용물이 절대 밖으로 유출되지 않는다는 점이 놀랍다.

아포토시스와 대조적인 세포의 죽음을 네크로시스(necrosis)라고 부른다. 네크로시스가 일어나면 세포가 팽창해서 세포막이 용해되고 내용물이 밖으

---

[*] 아포토시스(apoptosis)는 그리스어로 시든 잎이 떨어지는 것을 의미한다.

로 새어 나온다. 네크로시스는 감염과 물리적인 파괴, 화학적 손상 등, 예를 들면 넘어지면 상처가 나서 세포가 죽는 것과 같은 이른바 사고사이다. 이는 수동적인 세포자살이라고 할 수 있다.

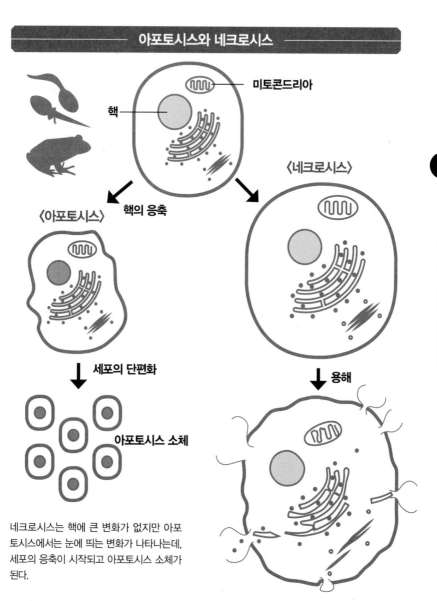

아포토시스와 네크로시스

미토콘드리아

핵

〈네크로시스〉

〈아포토시스〉 핵의 응축

세포의 단편화

아포토시스 소체

용해

네크로시스는 핵에 큰 변화가 없지만 아포토시스에서는 눈에 띄는 변화가 나타나는데, 세포의 응축이 시작되고 아포토시스 소체가 된다.

몸속에는 자살하는 세포가 있다?

17 인간은 300살까지 살 수 있을까?

세포분열의 한계

2016년 일본의 평균 수명은 남성 81세, 여성 87세이다. 전쟁이 끝나고 얼마 지나지 않은 1947년에는 남성 50세, 여성 54세였으니 70년 정도 사이에 남녀 모두 30년 이상 수명이 늘어난 것이다. 이 상태로 간다면 인간의 수명은 몇 살까지일지 기대도 커진다. '한계는 사라지고 300살까지도 살 수 있다'며 위풍당당하게 말하는 연구자도 있지만, 생물학적으로는 120년 정도가 한계라는 견해가 주류이다.

그 근거 중 하나가 세포의 분열한계이다(헤이플릭 한계, hayflick limit). 동물은 세포분열을 반복하지만, 일정한 횟수를 넘으면 더 이상 분열하지 않는다. 인간의 경우에는 그 한계가 50회이다. 수명으로 환산하면 120년이다. 실제로 세계에서 가장 오래 산 인간의 기록은 122세이다[*]. 앞서 말한 세포의 분열한계와 겹친다.

그러나 한계를 돌파할 가능성이 전혀 없는 것은 아니다. 왜냐하면 세포분열이 한계를 맞이하는 구조가 밝혀졌기 때문이다. 세포는 분열할 때 세포 염색체의 말단인 텔로미어(telomere)가 짧아진다. 텔로미어의 단축이 한계에 이르면 세포가 죽음을 맞이하는 거라고 여겨진다.

만약 텔로미어의 단축을 막으면 어떤 일이 벌어질까? 효소 중 하나인 텔로머레이스(telomerase)는 텔로미어를 생성하는 힘이 있어 노화 방지와 수명 연장에 기대를 갖게 한다. 그러나 암세포와 텔로머레이스 활성의 연관성이 지적되고 있는 만큼 수명 연장의 길은 그리 쉬워 보이지 않는다.

---

[*] 1997년에 사망한 프랑스인 여성의 기록

수명을 결정하는 텔로미어

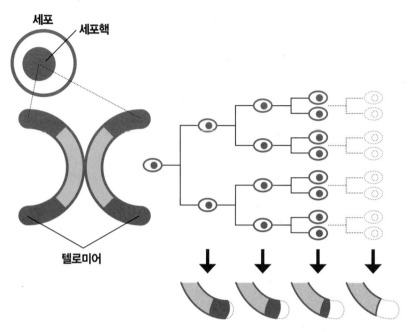

세포

세포핵

텔로미어

세포가 분열할 때마다 텔로미어는 짧아지다가 결국에는 세포분열이 멈춘다.

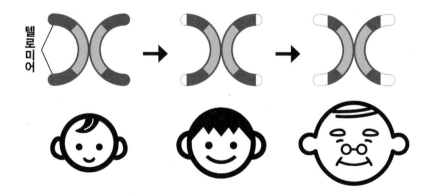

텔로미어

연두벌레를 먹으면 몸에 좋을까?

단세포 생물의 특징

"저 사람은 단세포잖아." 단세포는 이런 식으로 사용되는 경우가 있다. 그 의미는 단순하다는 것인데, 하지만 이 표현은 단세포 생물에게는 실례가 아닐 수 없다. 확실히 딱 하나의 세포이기는 하지만, 그 속에는 다양한 기능이 있기 때문이다.

예를 들면 연두벌레(유글레나)는 광합성을 하는 엽록체가 있고, 게다가 물속에서 이동하기 위한 편모도 있다. 식물인 것 같으면서 동물의 성질도 가진 생물이다. 원생동물과 녹조류의 진핵 공생에 의해 이런 특징을 갖게 된 것으로 여겨진다.

최근 연두벌레의 능력이 주목을 받고 있다. 하나는 영양소로 연두벌레는 비타민과 미네랄, 아미노산 등 59종류나 되는 영양소를 가지고 있고, 게다가 일반 식물에 있는 세포벽이 없어서 흡수하기 쉽다는 특징이 있다. 그래서인지 연두벌레를 이용한 건강식품을 많은 제조사에서 상품으로 선보이고 있다.

또 한 가지는 바이오 연료로 연두벌레의 세포 속에는 풍부한 지질이 있어서 연소하기 쉽기 때문이다.

연두벌레를 포함한 단세포 생물은 분열을 통해 개체를 늘려간다. 환경만 받쳐주면 증식 속도는 유성 생식을 하는 생물에 견줄 바가 아니다. 그래서 연두벌레 연구에 특화된 벤처기업이 주목을 받는 것이다. 이처럼 연두벌레는 전도유망한 에너지원이라고 할 수 있다.

영양소가 풍부하다!

그리고 증식 속도가 빠르잖아!

연소하기 쉬우니까 연료도 되잖아!

제 **3** 장

생물의 발생과 생식

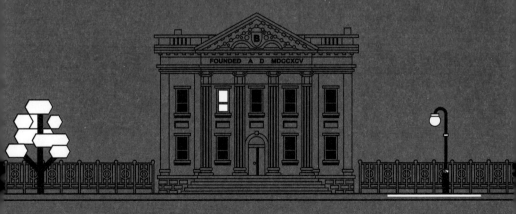

18   초밥 재료 성게는 생식선일까?

성게의 난할과 생체 내 조직

초밥 재료인 성게는 고급 요리로 사랑받고 있는데, 제철 맞은 말똥성게는 둘이 먹다 하나가 죽어도 모를 맛이다. 그런데 우리가 먹는 노란색 부분은 성게의 생식선(정소精巢·난소卵巢)이라는 것을 알고 있을까? 성게를 잡을 때 겉으로 봐서는 암수 구별이 어려워서 보통은 따로 구분하지 않는다. 즉 초밥집에서 자주 보는 성게에는 정소와 난소가 섞여 있어서 어느 쪽이 나올지는 운에 맡겨야 한다.

그러나 엄밀히 말하면 정소와 난소에는 차이가 있다. 정소가 조금 더 단단하고 색도 맛도 깊고 진하다. 한편 난소는 색이 조금 옅고 자르면 걸쭉한 액체 상태가 되고 정소에 비해 맛은 담백하다. 그래서 일반적으로 정소가 더 맛이 좋다고 한다. 고급 가게에서는 정소만 모은 고급 성게를 사용하는 만큼, 가격에는 선별 비용도 더해졌을 것이다.

성게의 생태와 구조에 대해 간단히 설명하면, 성게는 심해에서 얕은 여울까지 전 세계 어느 바다에서나 서식하고 있다. 배 쪽에는 5개의 이빨이 있는 입이 있고 해조(海藻) 등을 먹는다. 체벽 표면에 있는 가시는 적으로부터 몸을 보호하는 역할을 하면서 이동할 때는 다리를 대신하기도 한다.

성게는 개체 발생을 연구하는 분야인 발생학(Embryology)에서는 실험 재료로서 귀하게 다뤄진다. 그 이유는 수정란이 난할을 시작하여 포배로 진행하는 발생 과정이 투명해서 세포 내부까지 관찰하기 쉽기 때문이다.

덧붙이면 포배 후에 부화해서 64시간 정도 지나면 삼각추에서 돌기를 뻗은 형태의 성게 유생이 되어 바다 밑바닥에 들러붙어 있다가 변태를 거쳐 성게가 된다[*].

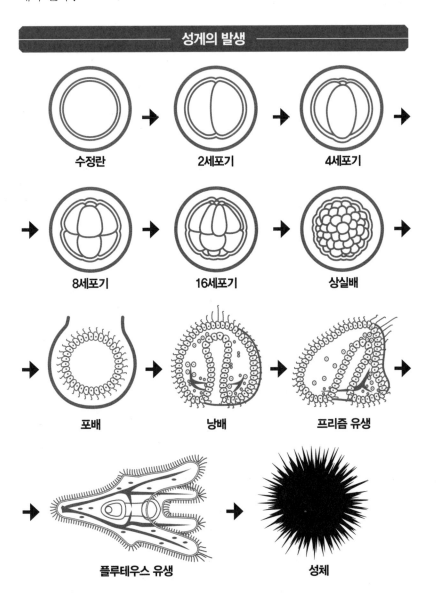

성게의 발생

수정란 → 2세포기 → 4세포기

8세포기 → 16세포기 → 상실배

포배 → 낭배 → 프리즘 유생

플루테우스 유생 → 성체

[*] 최근 조사연구에 따르면 성게의 수명은 종(種)과 환경에 따라서는 200년을 넘는다고도 한다.

19 꽃을 피우지 못하는 식물은 어떻게 번식할까?

종자식물과 비종자식물

식물의 대부분은 꽃을 피운다. 꽃가루받이를 통해 생긴 씨앗으로 자손을 남길 수 있는 식물을 종자식물이라고 한다. 그러나 양치식물, 선태식물, 조류(藻類) 등의 식물은 꽃이 피기는커녕 씨앗도 생기지 않는다. 그렇다면 이런 식물들은 어떻게 자손을 남기는 것일까? 그 힌트는 세대교번이다.

산에서 흔히 보는 양치식물을 예로 들어보자. 양치식물에는 같은 종(種)이라도 겉모습이 다른 두 종류의 형태가 있는데, 바로 포자체와 배우체이다. 우리들이 양치라고 인식하는 것은 포자체이다. 포자체는 잎의 뒷면에 있는 포자낭에서 포자를 뿌린다. 지면에 착지한 포자가 발아하면 배우체*로 성장한다. 배우체에는 장정기와 장란기가 있고, 수정해서 수정란이 되면 다음 세대의 포자체로 성장한다. 즉 포자체가 주가 되는 무성세대와 정자와 난자가 수정하는 유성세대를 번갈아 가며 자손을 남기는 것이다.

종자식물은 양치식물에서 진화한 것이다. 그들은 진화 과정에서 자손을 종자로 남기는 방법을 선택했다. 그 이유는 무엇일까? 양치식물은 배우체에서 정자가 난세포로 헤엄쳐가기 위해서는 물이라는 매개체가 꼭 필요하다. 즉 자손을 남기려면 외적 요인의 영향을 크게 받는 위험 요소가 있는 것이다.

종자는 이러한 결점을 해소하기 위해서 생긴 거라고 한다. 예를 들어 가뭄이 계속되면 양치식물은 배우체로 수정하지 못할 위험률이 높아진다. 그러나 종자가 휴면 상태에 들어가면 발아하기 위한 좋은 조건이 찾아올 때까

---

* 양치식물의 배우체를 전엽체라고 부른다.

지 기다릴 수 있다. 이런 유리한 점 덕분에 종자식물이 양치식물이 독점했던 주인공의 자리를 순식간에 빼앗은 것이다.

양치식물의 생활 사이클

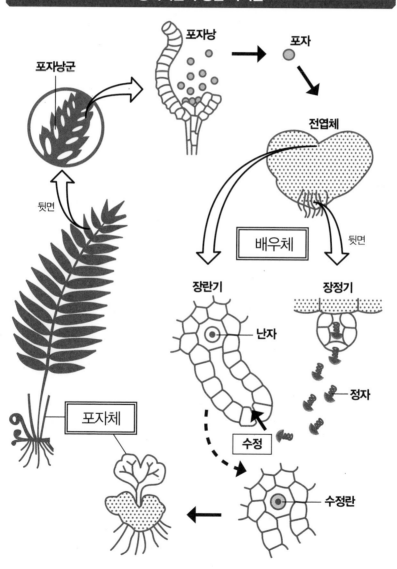

포자낭군

포자낭

포자

전엽체

뒷면

배우체

뒷면

장란기

장정기

난자

정자

포자체

수정

수정란

꽃을 피우지 못하는 식물은 어떻게 번식할까?

20 곤충의 몸에는 피가 흐르지 않을까?

개방혈관계와 폐쇄혈관계

여름이 되면 종종 땅바닥에 무참하게 짓눌려 죽어 있는 벌레를 볼 수 있다. 차에 치인 건지, 사람한테 밟힌 건지……. 가엾다고 생각하면서 시체를 보면 피를 흘리지 않는다. 그런데 잘 생각해보니 밟힌 애벌레에서 하얗거나 노란색 액체는 나오지만 피를 본 적이 없다. 그렇다면 곤충은 피를 흘리지 않는 걸까?

인간을 포함한 척추동물에는 심장에서 나온 혈액이 동맥에서 모세혈관을 거쳐 정맥을 통해 다시 심장으로 돌아가는 닫힌 순환계(폐쇄혈관계)가 있다. 폐쇄혈관계를 흐르는 혈액 덕분에 에너지의 원천이 되는 유기물과 산소를 각 조직으로 운반할 수 있는 것이다. 혈액이 빨간 이유는 산소를 운반하는 단백질인 헤모글로빈이 붉은색이기 때문이다.

한편 곤충은 닫힌 순환계가 없는 개방혈관계 구조로 되어 있다. 심장이 박동하면 혈액과 림프액이 합쳐진 혈림프라는 액체가 체내 구석구석(혈체강)으로 넓게 퍼진다. 이러한 순환 구조로 인해 유기물이 효율적으로 전달되지 않는 까닭에 곤충을 포함한 개방혈관계 동물은 크게 성장하지 못한다고 여겨진다.

그렇다면 혈관이 없는 곤충은 산소를 체내로 어떻게 공급하는 걸까? 그 비밀은 온몸에 둘러쳐진 기관에 있다. 호랑나비의 애벌레를 관찰하면 몸속에 기공(氣孔)이라는 타원형 구멍이 열려 있는 것을 볼 수 있다. 곤충은 직접 기공으로 산소를 흡수한 후에 기관을 통해 각 조직으로 운반하고, 이산화탄소의 배출도 산소처럼 기관을 통해 이루어진다.

개방혈관계

모세혈관이 없고 동맥에서 나온 혈림프는 일단 조직으로 퍼진 후 정맥으로 들어가서 심장으로 돌아온다.

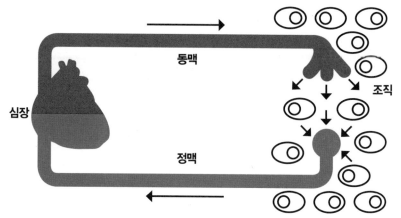

 폐쇄혈관계

모세혈관이 있고 혈액은 혈관을 지나 순환한다.

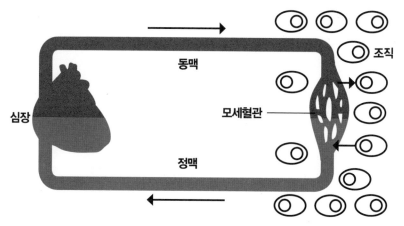

51

곤충의 몸에는 피가 흐르지 않을까?

21 동물의 세포가 거쳐야 할 '예정운명'이란 무엇일까?

발생 구조의 연구

예정운명(豫定運命)이라는 말을 들으면 SF나 운수를 알아보는 점을 떠올리겠지만, 엄연히 생물학(발생학) 용어이다. 동물의 초기 배아는 발생이 정상적으로 진행된 경우에는 어떤 조직과 기관으로 분화될지 미리 결정된다. 이와 같이 발생 과정에서 거쳐야 하는 운명을 그 영역의 예정운명이라고 한다.

예정운명을 처음으로 밝힌 사람은 독일의 연구자 포크트(Walther Vogt)였다. 그는 도롱뇽의 초기 배아를 무해 색소로 염색하고, 나중에 어떤 조직으로 분화되는지를 조사하여 예정배역도(원기분포도)를 정리했다. 같은 독일인 한스 슈페만(Hans Spemann)은 도롱뇽의 내부세포 이식실험을 통해 예정운명이 언제 결정되는지를 밝혔다. 낭배의 초기에서 이식조직은 이식된 영역의 운명에 따라 분화했지만, 후기로 가면 이식하기 전 영역의 운명에 따라 분화한다는 사실을 발견한 것이다.

한스 슈페만은 원구배순(原口背脣) 이식실험에 성공한다. 원구의 함입(陷入)*에 의해 지금까지 1열이던 세포 배열이 안쪽과 바깥쪽으로 이루어진 2열로 변한다. 안쪽에 들어있던 세포군과 내배엽은 소화기관을 형성하고, 바깥쪽 배엽은 표피와 신경이 된다. 그리고 안팎의 틈 사이에도 세포군이 들어가 중배엽이 되고 근육과 혈관이 만들어진다. 또한 원구는 입이나 항문이 되는데, 인간의 경우에는 항문이다. 한스 슈페만은 원구의 상부에 위치하는 원구배순이 발생할 때 특별한 행동이 나타나는 것에 주목하여, 인접한 미분화 세

---

* 원구(原口)란 포배에서 낭배에 이르는 과정에서 함입에 의하여 생기는 원장 입구를 말한다. 원구 부분에서 세포가 안쪽으로 파고 들어가는 것을 함입이라고 한다.

포에 '이 세포가 되세요'라고 분화를 재촉하는 조직책(형성체)의 존재를 처음으로 주장했다. 원구배순은 조직책으로서 발생의 중심적인 역할을 한다.

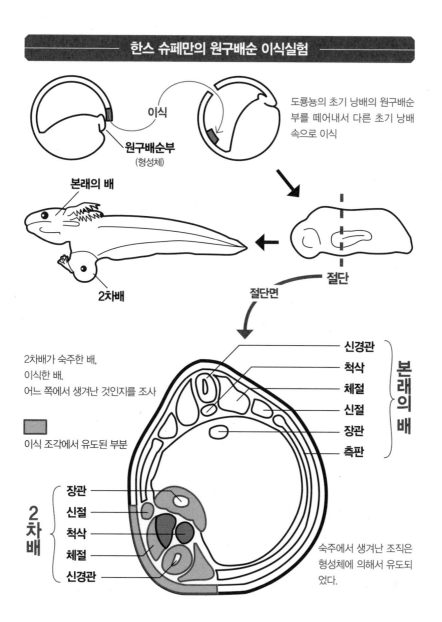

한스 슈페만의 원구배순 이식실험

이식

원구배순부
(형성체)

도롱뇽의 초기 낭배의 원구배순부를 떼어내서 다른 초기 낭배 속으로 이식

본래의 배

2차배

절단

절단면

2차배가 숙주한 배,
이식한 배,
어느 쪽에서 생겨난 것인지를 조사

이식 조각에서 유도된 부분

신경관
척삭
체절
신절
장관
측판

본래의 배

장관
신절
척삭
체절
신경관

2차배

숙주에서 생겨난 조직은 형성체에 의해서 유도되었다.

동물의 세포가 가져야 할 '예정운명'이란 무엇일까?

22 도마뱀의 꼬리는 영원히 재생될까?

동물의 자절과 재생

'도마뱀의 꼬리 자르기'란 인간 사회에서 잘못된 부분을 확실하게 도려낸다는 뜻으로, 문제의 결과를 예상해서 그 영향이 본체에까지 미치지 않도록 하는 것을 말한다. 이것은 도마뱀이 적에게 잡혔을 때 꼬리를 자르고 도망치는 자절(自切)이라 부르는 행동을 비유한 말이다.

자절은 글자 그대로 스스로 절단하는 행위이지 적에 의해 절단되는 것이 아니다. 절단하는 곳도 정해져 있는데, 척추에는 자절면이라고 하는 끊어낼 수 있는 부위가 있어 쉽게 절단할 수 있다. 자절면 주변의 근육도 절단하기 쉬운 구조로 되어 있다. 잘린 꼬리는 마치 살아 있는 것처럼 움직이면서 적의 시선을 끈다. 그리고 적이 한눈을 판 사이에 후다닥 도망을 친다.

꼬리를 잃은 도마뱀은 그 후 어떻게 될까? 우선 절단면의 근육이 수축해서 출혈이 멈추고 나면 상피세포가 절단면을 덮고 그 밑에서 혈관을 둘러친다. 여기까지가 소위 응급처치이다. 그 다음 꼬리가 재생하기 시작한다. 신경간세포와 근섬유가 형성되고 자라난 꼬리 중심에는 연골이 생긴다. 그러나 완전히 원상 복귀되지는 않는다. 척추는 생기지 않고 꼬리가 원래보다 짧아지는 경우도 있다*.

꼬리를 재생시킨 도마뱀은 척추와 자절면을 잃었기 때문에 다시 똑같은 형태로 자절하지 못하지만, 두 번째부터는 재생된 부분을 분리할 수 있다고 한다. 원래 재생에는 많은 영양분이 필요하기 때문에 무한대로 사용할 수 있는 기술은 아니다. 도마뱀에게는 어디까지나 최후의 보루이며 목숨을 건 기술이다.

---

* 종에 따라서는 재생하지 않는 경우도 있다.

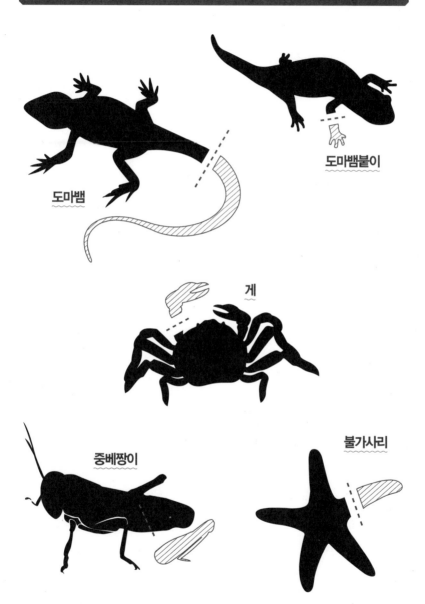

도마뱀붙이

도마뱀

게

중베짱이

불가사리

도마뱀의 꼬리는 영원히 재생할까?

23 머리가 재생된 플라나리아는 왜 기억이 있을까?

생물의 몸을 만드는 요소

뇌가 아닌 동물의 기억장치

플라나리아는 하천에 서식하는 생물이다. 플라나리아는 진화적인 면에서 보면 선구동물과 후구동물*의 분기점에 위치하고 뇌를 가진 동물 중에 가장 원시적인 구조를 갖고 있다. 가장 큰 특징은 경이로운 재생 능력이다. 예를 들면, 어떤 개체를 반으로 절단하면 머리 부분에서는 몸이, 배 부분에서는 머리가 재생된다. 두 개가 아닌 세 개, 네 개……잘린 수만큼 재생된다.

미국 터프츠대학교 탈 슘랫(Tal Shomrat)과 마이클 레빈(Michael Levin)은 플라나리아의 뛰어난 재생 능력에 착안해서 실험을 진행했다. 태생적으로 빛을 피하는 플라나리아에게 '빛이 있는 장소에 먹이가 있다'는 훈련을 시키고 몸을 절단했다. 그리고 꼬리 부분에서 재생된 개체에 훈련시킨 기억이 남아 있는지를 관찰한 후 훈련받지 않은 개체와 비교하여 결과를 얻었다.

재생 당시에는 두 개체가 먹이까지 도달하는 데 걸리는 시간에 차이가 없었다고 한다. 그러나 다시 훈련하자 두 개체 간의 차이가 뚜렷하게 나타났다.

이것은 과거에 받은 훈련을 기억해냈다는 것을 의미한다. 꼬리 부분에서 재생된 개체는 '새롭게 재생된 뇌'가 기능하는 것이다. 이 사실이 의미하는 바는 기억은 뇌가 아닌 다른 부분에도 있을지 모른다는 기대를 갖게 한다는 점이다.

안타깝게도 그 가설이 현 단계에서는 증명되지는 못했다. 그러나 만약 뇌

---

* 선구동물은 초기 배아에 형성된 원구가 그대로 입이 된다. 후구동물은 원구와 관계없이 입이 새로 생긴다.

가 아닌 다른 부분에도 기억장치가 있다면 알츠하이머나 인지증(치매)과 같이 기억과 관련된 뇌질환에 효과적인 해결책이 될지도 모른다.

플라나리아의 재생

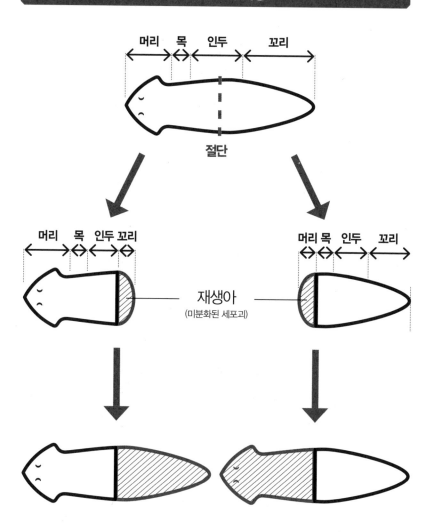

재생아
(미분화된 세포괴)

절단

머리 목 인두 꼬리

24 벚꽃의 대명사인 소메이요시는 전부 복제일까?

식물의 교배

4월이 되면 일기 예보를 통해 그날의 날씨뿐 아니라 벚꽃 개화 시기도 알 수 있다. 현대 일본인에게 벚꽃은 그만큼 친숙한 꽃이다.

여기서 말하는 '벚나무'는 소메이요시(왕벚나무, Prunus yedoensis)를 말한다. 일본 북쪽에서 남쪽까지 전국적으로 심어진 이 나무들은 사실 단 한 그루의 나무에 기원을 두고 복제됐다는 사실은 잘 모를 것이다.

소메이요시는 유전자 분석을 통해 올벚나무(Prunus itosakura)와 오시마자쿠라(Prunus speciosa)의 잡종 교배로 태어났다는 사실이 밝혀졌다. 그 기원은 에도시대(1603~1867) 말기에 식목 장인이 많이 모여 있던 에도(지금의 도쿄)의 소메이무라(染井村)*에서 큰 인기를 끈 요시노자쿠라(요시노산에 핀 벚꽃)라고 알려져 있다. 요시노(吉野)는 일본 나라(奈良)현의 지명이다. 벚꽃의 명소로 유명하다 보니 장인들도 그 인기에 편승했던 모양이다.

요시노자쿠라의 명칭을 소메이요시로 바꾼 것은 메이지시대(1868~1912)이다. 후지노 요리나가(藤野寄命)라는 박물학자가 도쿄에 있는 우에노공원의 요시노자쿠라를 관찰하다가 요시노 지방의 산벚나무와는 전혀 다른 종류라는 것을 밝혀냈다. 후지노 요리나가는 그 벚꽃에 소메이무라의 이름을 따서 소메이요시라고 지었다.

소메이요시는 자가불화합성(self-incompatibility)이라는 특성이 있어 화분이 꽃가루받이를 해도 수정하는 게 어렵다. 즉 같은 소메이요시끼리는 수정을 못하기 때문에 접목해서 만드는 복제 외에는 개체수를 늘릴 방법이 없는

---

* 현재 도쿄 도시마구 고마고메(豊島区 駒込) 부근. 에도시대 중기부터 메이지시대에 걸쳐 '원예 마을'로 번창했다.

것이다. 그래서 벚나무는 모두 같은 유전자를 가진 복제일 수밖에 없다.

　그러나 소메이요시가 자손을 남길 능력이 없는 것은 아니고, 지역에서 자생하는 야생 벚나무와 교잡하는 경우가 있다. 하지만 교잡한 벚나무는 기존의 종과 달리 유전자 오염이 문제되고 있다.

소메이요시의 자가불화합성

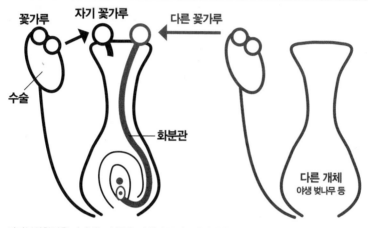

자가불화합성을 나타내는 식물은 자신의 꽃가루받이에서 발아하거나 화분관의 신장이 방해를 받는다. 다른 개체의 꽃가루를 받아 정상적인 수정을 한다.

식물의 일부를 땅에 꽂아 뿌리를 내게 한다.

가지를 잘라서 다른 나무의 줄기에 연결한다.

제13장

25 복제 기술의 목적은 무엇일까?

생식 기술의 응용

1996년 영국에서 한 마리의 양이 태어났다. '돌리'라는 이름의 이 양의 탄생을 둘러싸고 전 세계에서 뜨거운 논쟁이 벌어졌다. 왜냐하면 돌리는 복제양이었기 때문이다.

그전에도 수정 후 발생 초기에 생긴 배(胚)를 이용하는 방법으로 개체를 만들어내는 복제라는 기술이 축산 분야에서 활용되기는 했지만, 돌리의 탄생은 한 마리의 성체의 체세포에서 핵을 떼어내어 미수정란과 세포를 융합시키는 방법으로 태어난 획기적인 기술의 성과였기 때문이다.

일부 무성 생식 동물을 제외하면 인간을 포함한 지구상의 생물은 유성 생식으로 자손을 남긴다. 유성 생식을 통한 다른 유전자와의 조합으로 담보되는 것이 다양성이다. 돌리의 경우 유전자는 유선세포의 핵을 제공한 개체와 완전히 일치한다.

돌리의 탄생을 계기로 이 기술을 이용하면 이론적으로는 복제 인간도 만들어낼 수 있다는 가능성이 전 세계를 요동치게 했다. 극단적인 이야기로 아인슈타인과 같은 천재의 세포에서 핵을 떼어내어 이식하면 또 한 명의 천재가 태어난다는 설이다. 우생 사상과도 연결될 위험성을 내포한 이 복제 기술이 인간에게 적용되지 않도록 금지하는 대응책을 내놨다.

그러나 복제 기술 자체는 식량의 안정적인 공급과 의약품 제조, 이식용 장기 제작 등에 기여할 것이라는 기대는 여전하다. 또한 남아 있는 세포로 맘모스 등 멸종 생물을 부활시킬 수 있지 않을까 하는 기대를 입에 올리는 연구자도 있다[*].

---

[*] 실제로 미국 하버드대학 의학전문대학원 등에서 연구하고 있다.

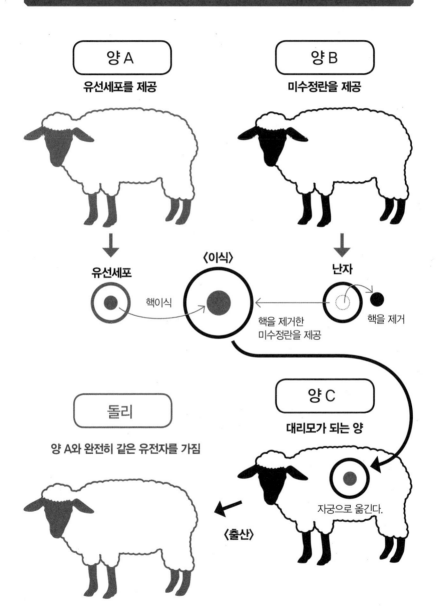

복제양 '돌리'의 탄생

양 A
유선세포를 제공

양 B
미수정란을 제공

유선세포
〈이식〉
난자

핵이식

핵을 제거한
미수정란을 제공

핵을 제거

돌리
양 A와 완전히 같은 유전자를 가짐

양 C
대리모가 되는 양

자궁으로 옮긴다.

〈출산〉

복제 기술의 목적은 무엇일까?

26 삼색털 고양이는 왜 암컷만 있을까?

X 염색체의 불활성화

삼색털 고양이는 오렌지색(갈색), 검은색, 흰색의 3가지 색상의 털을 가진 고양이를 말한다. 일본에서는 어디서나 쉽게 볼 수 있지만, 해외에서는 신기하게 여겨지는 재패니즈 밥테일(Japanese bobtail, 일본 고양이가 원조)의 삼색털을 'Mi-ke(미케)'라고 부르며 인기도 많은 모양이다. 삼색털 고양이가 암컷만 있는 이유는 X 염색체의 불활성화 현상과 깊은 관련이 있다. 염색체란 세포 분열기에 관찰되는 막대 모양의 구조체로, 유전 정보를 나타내고 전달을 담당한다. 인간과 고양이 등 대부분의 포유류는 암, 수 공통으로 가지고 있는 상염색체와 성별 결정에 관여하는 염색체인 X 염색체와 Y 염색체 두 종류의 성염색체를 갖고 있다. X 염색체가 2개 조합된 XX이면 암컷, X 염색체와 Y 염색체가 조합된 XY라면 수컷이다. 수컷에게는 1개뿐인 X 염색체를 암컷은 2개나 갖고 있다 보니 X 염색체의 유전자 활동이 과잉되는 것을 막기 위해 암컷은 2개의 X 염색체 중 하나를 잠재운다. 이 현상을 X 염색체의 불활성화라고 한다.

고양이의 털 색상은 간단히 설명하면, 하얀색 털이 될 부분을 만드는 유전자와 다른 부분의 털을 갈색이나 검은색 중 하나를 선택해서 만드는 유전자에 의해 결정된다. 하얀색 유전자는 상염색체에 암호화되어 있지만, 갈색이나 검은색을 결정하는 유전자는 X 염색체에 존재한다.

X 염색체의 불활성화 선택은 완전히 무작위로 각각의 세포가 50%씩의 확률로 갈색이나 검은색이 결정된다. 이렇게 해서 삼색털의 얼룩 모양이 완성된다. 수컷은 X 염색체가 1개밖에 없어서 선택의 여지가 없다. 삼색털 고양

이가 암컷만 있는 이유도 X 염색체를 2개 가진 개체에서만 나타날 수 있기 때문이다*.

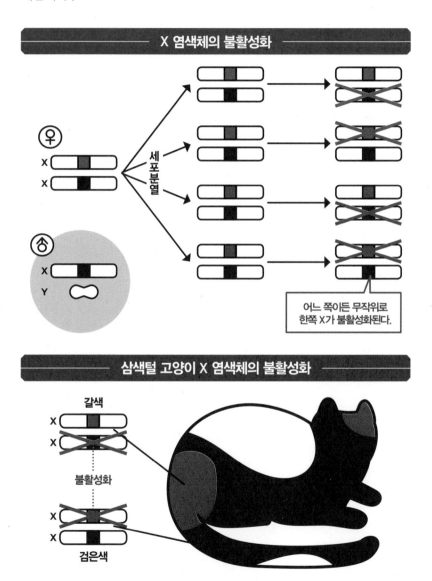

X 염색체의 불활성화

세포분열

♀
X
X

♂
X
Y

어느 쪽이든 무작위로 한쪽 X가 불활성화된다.

삼색털 고양이 X 염색체의 불활성화

갈색
X
X

불활성화

X
X
검은색

63

삼색털 고양이는 왜 암컷만 있을까?

---

* 아주 흔한 염색체 이상으로 'XXY'라는 염색체를 가진 수컷이 태어나는 경우가 있다. 확률은 3만 마리 중 한 마리라고 한다.

COLUMN
3
동물도 멋지면 인기가 있다?
생물의 구애 행동

동물을 주제로 한 방송에서는 동물들이 번식기에 하는 구애 행동을 자주 다룬다. 아마도 때로는 사랑스럽기도 하고 때로는 우스꽝스럽기도 해서일 것이다. 동물들은 자신에게 있는 화려한 색채를 어필하거나 춤을 추면서 필사적으로 구애 행동을 한다.

구애하는 쪽은 대체로 수컷이다. 암컷은 마음에 들면 수컷을 받아들이지만, 정말 안 되겠다 싶으면 퉁명스럽게 외면한다. 인간 사회에서도 자주 보는 광경이다.

도대체 암컷은 어떤 기준으로 상대를 선택하는 걸까? 공작을 예로 들어보자. 공작의 수컷은 번식기가 되면 장식 깃을 활짝 펼치고 날개를 흔들어 춤을 추며 암컷에게 어필한다. 암컷은 그 모습을 보고 수컷을 받아들일지 말지

를 판단하지만, 깃털의 화려한 모양이 판단 재료 중 하나가 된다는 사실은 연구로 밝혀졌다. 인간처럼 얼굴을 기준으로 하지 않아도 멋지면 역시 인기가 있는 모양이다.

공작만이 아닌 암컷에게 어필하기 위해서 치장하는 수컷이 적지 않다. 왜 그들은 그런 기관을 획득하게 된 것일까?

약육강식의 세계에서 힘은 생존하기 위해 가장 필요한 요소이다. 동물의 치장 기관은 이런 힘을 상징적으로 드러내기 위해 발달한 것이다. 매번 마치 격투기를 방불케 하는 싸움으로 힘을 경쟁하는 것은 비효율적인 데다 종(種)의 보존이라는 관점에서도 문제가 있기 때문이다.

제4장

식물의 구조

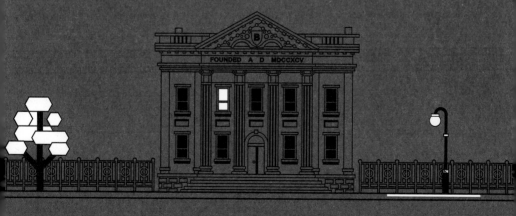

27 식물을 베란다에 두면 시원해진다?

식물의 증산작용

여름이 되면 기온이 35℃를 넘는 일은 더 이상 낯설지 않다. 더위를 참지 못해 에어컨에 의지한 결과 도시는 열섬현상이 발생하는 악순환도 문제가 되고 있다. 좀처럼 효과 있는 대책을 찾기 어려운 상황에서 최근 들어 주목받고 있는 것이 그린커튼(Green Curtain)이다. 식물을 건축물의 벽면을 타고 뻗어가도록 키우면 햇빛을 차단할 뿐 아니라 식물의 증산작용으로 주변 온도까지 낮추는 효과도 기대할 수 있다[*].

증산작용이란 식물의 잎과 줄기에서 수증기가 방출되는 현상을 말한다. 식물은 기온이 높은 낮 동안에는 스스로 잎의 표면 온도를 낮추기 위해 주로 잎의 뒷면에 있는 기공으로 열심히 수증기를 방출한다. 그때 생기는 기화열로 잎의 뒷면뿐 아니라 주변 온도까지 낮추는 것이다. 여름이 되면 상업 시설에서 자주 보는 쿨링포그(Cooling Fog)를 떠올려보자. 식물의 주변이 시원해지는 것은 쿨링포그와 같은 원리이다.

식물은 도대체 어느 정도 양의 수증기를 분출할까? 물론 식물의 종류에 따라 크게 다르다. 예를 들면 땅에서 많은 양의 수분을 흡수하는 층층나무는 증산량도 많고, 사막의 환경에 적응한 선인장 종류는 증산량을 적게 해서 수분을 저장할 수 있게 한다(p.80 참조). 같은 식물 중에서도 온도와 습도에 따라 증산량은 변하는데, 기본적으로는 고온에 습도가 낮을 때 식물의 수분 발산량이 많아진다.

베란다에 식물을 두면 시원해질지 어떨지는 글쎄. 증산작용으로 베란다

---

* 그린커튼에 적당한 식물에는 슈퍼여주, 오이, 수세미, 나팔꽃, 풍선덩굴 등이 있다.

의 온도는 내려가겠지만 안타깝게도 화분 몇 개로는 우리가 체감할 정도의 효과는 없을 것 같다.

식물의 증산작용과 광합성

식물 내 수분의 이동은 아래쪽에서 위쪽으로, 즉 중력에 어긋나는 방향으로 이동한다. 뿌리에서 잎까지 쭉 연결된 물기둥을 증산을 이용해 위쪽으로 당긴다. 물 이동의 원동력이 되는 것도 증산의 중요한 일이다.

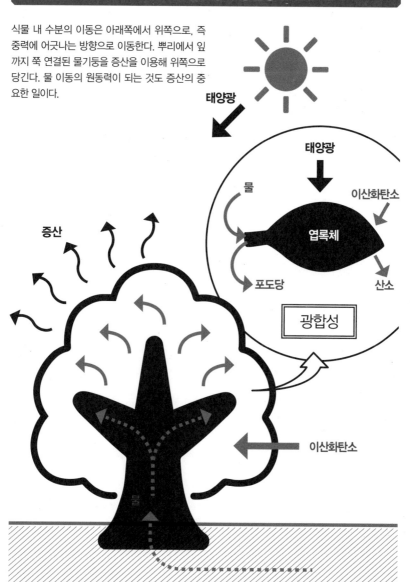

28 연근에 구멍은 왜 있을까?

식물 기관의 분화

일본에서 연근은 길조를 비는 식자재로 명절 요리에 많이 쓰인다. 연근의 뚫린 구멍으로 '앞날을 내다본다'는 데서 유래한다. 그런데 왜 연근에는 구멍이 있을까?

연근을 한자로 쓰면 '蓮根'이다. 그런데 정확히 말하면 연근은 뿌리가 아닌 뿌리줄기로 줄기에 영양이 축적되어 두꺼워진 형태이다.

연꽃은 진흙이 아니면 잘 자라지 못한다. 그런데 성장에 필요한 산소를 진흙 속에서는 충분히 얻지 못한다. 그래서 부족한 만큼의 산소를 육지로부터 조달하기 위해 연꽃은 뿌리줄기에 구멍을 내어 공기가 통하는 길, 즉 통기공을 확보한다.

연근의 구멍은 뿌리줄기(소위 연근)와 뿌리줄기의 마디를 지나서 다음 뿌리줄기로 이어지도록 파이프처럼 연결되어 있다.

양치식물과 종자식물은 파이프 상태의 조직이 있어 관다발식물이라고 한다.

관다발에는 물이 이동하는 통로인 물관부와 양분이 이동하는 통로인 체관부가 있고, 뿌리에서 줄기를 거쳐 잎까지 연결되어 있다. 이러한 구조는 진화 과정에서 식물의 크기가 커지는 데 깊이 관여한다고 여겨지는데, 즉 식물이 필요한 수분과 영양분을 구석구석까지 운반할 수 있기 때문이다.

그렇다는건, 연근의 구멍은 특대 관다발이라고 생각하기 쉽지만, 사실 그렇지 않다. 왜냐하면, 연근은 관다발식물이라고 해도 연근의 구멍은 관다발이 아니기 때문이다. 환경에 적응하기 위해서 관다발과는 다른 독특한 통기공을 발달시킨 것이다.

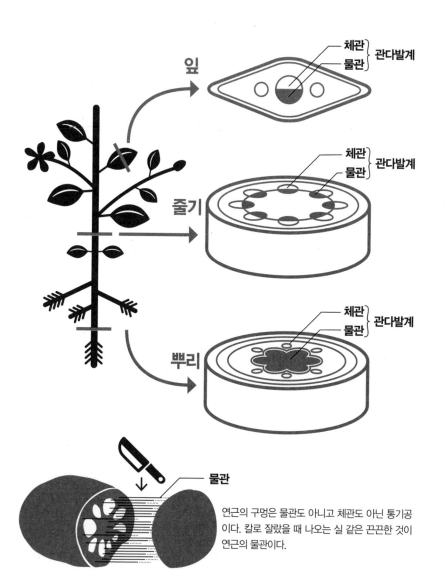

관다발식물의 구조

잎

체관 ┐ 관다발계
물관 ┘

줄기

체관 ┐ 관다발계
물관 ┘

뿌리

체관 ┐ 관다발계
물관 ┘

물관

연근의 구멍은 물관도 아니고 체관도 아닌 통기공
이다. 칼로 잘랐을 때 나오는 실 같은 끈끈한 것이
연근의 물관이다.

29 모기는 인간의 피 말고 꽃의 꿀도 빨아먹는다?

꽃가루 매개자

머리맡에서 나는 고주파음, 불규칙한 비행 궤도로 눈을 속이고 어느 틈엔가 흡혈하고 사라져버린다. 그 후에 남는 것은 벌겋게 부어오른 피부와 가려움이다. 우리 인간에게 모기는 가장 가까운 해충일 것이다.

원래 모기는 산란을 앞둔 암컷이 고단백 동물의 혈액이 필요한 시기에만 흡혈을 하고, 수컷은 꽃의 꿀이나 과즙 등을 먹는다고 알려져 있다. 즉 모기도 꽃의 꿀을 먹을 때는 곤충에게 주어진 '꽃가루 매개자'로서의 임무를 수행하고 있는 것이다.

꽃가루 매개자란 꽃가루를 꽃의 수술에서 운반하는 곤충과 같은 생물을 말하며* 식물의 꽃가루받이에 꼭 필요한 존재이다. 가장 유명한 생물은 꿀벌과 같은 무리인 벌 종류를 들 수 있다. 꿀벌은 꽃에서 꽃으로 꿀을 찾아 날아다닐 때 뒷다리에 있는 빗돌기가 밀집한 꽃가루솔을 이용해 꽃가루 매개자의 역할을 한다.

식물은 꽃가루 매개자를 매혹하기 위해 이런저런 궁리를 한다. 예를 들면, 나방을 매개자로 하는 난초과 식물은 나방이 활동하는 밤을 노려 어둠 속에서도 눈에 띄는 하얗고 큰 꽃을 피워 나방을 유혹한다. 꽃과 꽃가루 매개자는 생물끼리 서로 의존하면서 진화해온 공진화(共進化)의 산물 중 하나라고 할 수 있다.

여기서 모기 이야기로 돌아가면, 인간에게는 성가시기 이를 데 없는 모기도 식물에게는 다른 곤충과 똑같이 중요한 손님이다. 식물이 모기의 산란에

---

* 비단 곤충뿐 아니라 도마뱀이나 원숭이도 식물의 꽃가루를 운반하기도 한다.

필요한 단백질까지 제공한다면 인간은 피해를 보지 않아도 되니 더없이 고맙겠지만 말이다.

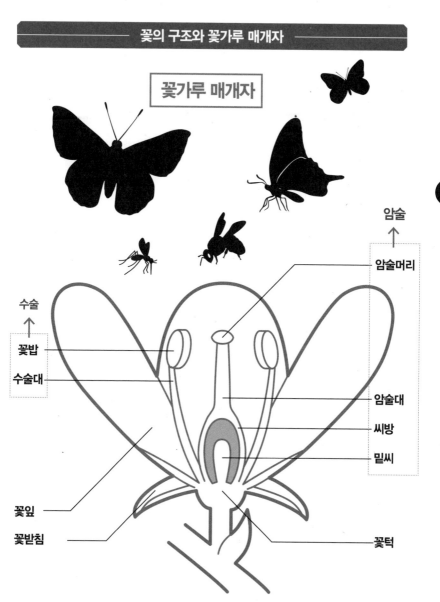

꽃의 구조와 꽃가루 매개자

꽃가루 매개자

암술
암술머리
암술대
씨방
밑씨
꽃턱

수술
꽃밥
수술대

꽃잎
꽃받침

모기는 인간의 피 말고 꽃의 꿀도 빨아먹는다?

30 식충식물이 아닌 식물도 곤충을 먹는다?

식물과 곤충의 관계

식물에게 있어 곤충은 꽃가루받이를 도와주는 중요한 파트너이다. 식물이 곤충의 취향에 맞게 진화를 거듭해왔다는 것은 이미 앞에서 이야기했다. 그러나 둘이 늘 협력 관계에 있는 것은 아니다.

대부분의 곤충은 식물의 잎과 줄기를 주식으로 하기 때문에 그런 의미에서 보면 파트너라기보다는 오히려 적에 가깝다. 그래서 식물은 곤충으로부터 자신의 몸을 지키기 위해서 방어 시스템까지 진화해온 것이다.

식물이 방어 시스템의 하나로 획득한 것이 독이다. 예를 들면, 뽕나무 잎을 자르면 잎맥에서 유액이 번져 나온다. 여기에는 대사를 방해하는 물질이 포함되어 있고 곤충이 섭취하면 성장을 방해해서 죽음에 이르게 한다.

유액을 방출하는 식물은 그밖에도 많이 있지만, 주요 목적은 뽕나무처럼 곤충이나 벌레에 잘 견디는 내충성이라고 한다. 한편 곤충도 잠자코 있기만 한 것은 아니다. 예를 들면, 누에나방은 진화 과정에서 뽕나무에 있는 유액의 독에 대항하려고 내성을 길렀다.

또한 식물도 먹히기만 하지 않고 곤충을 영양분으로 이용하는 종류도 있다. 이른바 식충식물로 포식에 특화된 잎이 있어 잡은 곤충을 소화 흡수한다. 식충식물은 광합성으로는 만들지 못하는 영양분을 포식으로 보충하는 것이다[*].

포식하는 기관은 없어도 점액이 묻은 잔털로 곤충을 잡아 죽인 후 썩어서

---

[*] 식물은 광합성으로 얻은 영양분만으로도 살아갈 수 있다.

땅에 떨어진 사체를 영양분으로 섭취하는 식물의 전략도 발견되었다. 그 신종 '식충'식물 무리에 속하는 것 중에는 토마토나 감자도 있다고 한다.

식충식물의 포식 방법

잡는 타입

식충식물 중에서도 가장 수가 많은 타입. 잎의 표면에 나 있는 선모의 점액으로 벌레를 감아서 잡는다. 포획 후에는 소화액을 분비해서 소화 흡수한다.

끈끈이주걱,
벌레잡이제비꽃,
끈끈이귀개
등

가두는 타입

조개처럼 생긴 잎 안쪽에 감각모가 있어 털에 닿으면 잎이 닫히면서 벌레를 가둔다. 오작동을 줄이기 위해 두 번 이상 건드리면 닫히는 구조로 되어 있다.

파리지옥풀, 벌레먹이말
등

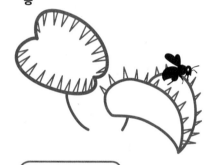

빠뜨리는 타입

잎이 주머니처럼 생겨서 한 번 들어가면 탈출하기 어렵다. 내부에는 소화액이 차 있어서 그곳에 떨어진 벌레는 천천히 시간을 들여서 소화 흡수된다.

벌레잡이풀,
사라세니아
등

빨아들이는 타입

작은 벌레를 잡는 타입. 포식용 주머니의 입구에 나 있는 감각모에 벌레가 닿으면 고깔이 안쪽에서 열리면서 벌레를 빨아들이고 고깔을 닫아 나가지 못하게 한다.

통발
등

31 검은 꽃은 세상에 존재할까?

꽃의 색소와 교배

꽃은 꽃가루받이를 도와주는 곤충 등의 파트너를 매혹하려고 오색찬란하게 어우러져 핀다.

꽃의 색을 결정하는 대표적인 화합물은 플라보노이드, 카로티노이드, 베타레인의 3가지로 분류한다. 대부분의 식물이 플라보노이드계 색소를 갖고 있고, 노란색에서 파란색까지 폭넓은 색을 발색한다. 블루베리에 포함된 색소인 안토시안은 항산화작용을 한다는 점에서 건강식품의 성분으로 자주 이용되는데, 안토시안도 플라보노이드의 일종이다.

카로티노이드는 노란색에서 오렌지색, 빨간색을 내는 색소와 같은 종류이다. 노란색 꽃을 피우는 국화와 장미 대부분은 카로티노이드를 포함하고 있다. 당근에 있는 카로틴과 고추의 캡사이신도 카로티노이드의 일종이다.

베타레인은 분꽃과 선인장과 동일한 종류에 포함되고 노란색에서 보라색을 내는 색소와 같은 무리이다.

꽃의 색소에 검은색은 존재하지 않는다. 곤충은 색을 인식할 수 있지만, 목적은 식물의 꽃과 잎을 구분하기 위한 것이라서 검은색은 인식하지 않는다고 한다. 가령 검은 꽃을 피웠는데, 곤충이 다가오지 않으면 아무 의미가 없기 때문이다. 검은 백합처럼 검은색에 가까운 색을 띤 꽃은 안토시안이 짙게 나타난 것일 뿐 검은색은 아니다.

관상용 꽃의 대부분은 인공적인 교배를 반복하면서 더 선명한 색을 만들어냈다. 게다가 유전자 조작으로 자연계에 존재하지 않는 파란색 장미*, 파란색 카네이션을 만들어내는 데도 성공했다.

---

* 피튜니아(Petunia)에서 파란색 색소와 관련 있는 유전자를 떼어내어 장미꽃에 도입해서 성공했다.

꽃의 색소

노　주　빨　　보　　파　　초

플라보노이드

안토시안

카로티노이드

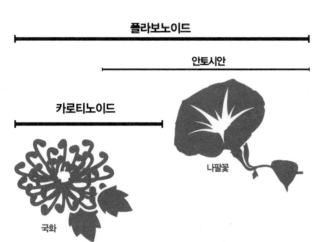

나팔꽃

국화

베타레인

진달래

선인장

클로로필

32 바나나는 왜 씨가 없을까?

유전자의 돌연변이

　　　　씨 없는 과일이라고 하면 품종 개량으로 최근에는 포도나 감에서 볼 수 있는데, 바나나 씨가 사라진 것은 최근의 일이 아니다. 파푸아뉴기니의 쿡 습지(kuk swamp) 유적지에서는 7000년에서 6400년 전에 바나나를 재배한 흔적을 발견할 수 있다. 이미 그때부터 바나나에는 씨가 없었을 것이라고 한다.

　　씨 없는 바나나는 유전자의 돌연변이로 우연히 태어난 것으로 추정된다. 보통 생물은 염색체를 2개씩 쌍으로 가지고 있는데, 씨 없는 바나나는 염색체를 3개씩 가진 삼배체(三倍體)이다. 일반적으로 삼배체 식물은 생식세포를 만드는 감수분열*이 잘 이루어지지 않아 씨가 생기기 힘든 특성이 있다.

　　인류에게는 감사한 변이였다. 왜냐하면 씨 대신 영양소가 풍부한 과육으로 꽉 채워졌기 때문이다. 바나나는 '바나나 나무'라고 불리기도 하지만, 정확히 말하면 초본식물로 분류되며 키가 높게 자라지 않아 쉽게 수확할 수 있다.

　　씨 없는 바나나를 발견한 당시 파푸아뉴기니인은 꺾꽂이나 포기나누기로 씨 없는 바나나를 번식시켰다. 이것이 씨 없는 바나나의 시작으로 지금도 바나나 재배의 기본 방법은 같다.

　　덧붙이면, 바나나에 있는 검은 알갱이들은 씨 없는 바나나에 남아 있는 씨앗의 흔적이지만, 발아는 하지 않는다. 과육에 씨가 꽉 찬 씨 있는 야생 바나나도 있다. 필리핀이나 말레이시아 등 지역에 따라서는 먹기도 한다고 한다.

＊　염색체가 반으로 분리되어 생식세포가 생기는 세포분열

삼배체가 만들어지는 구조

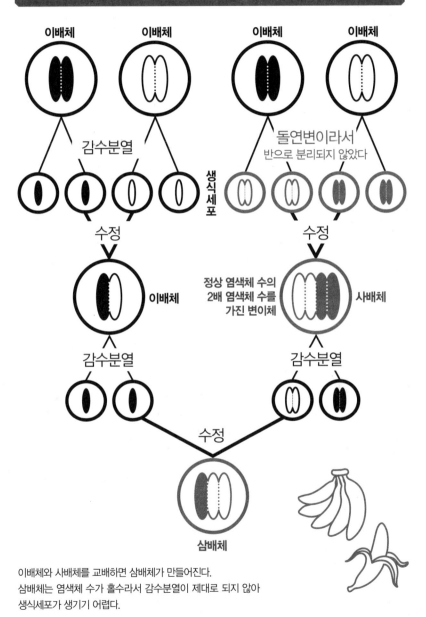

이배체와 사배체를 교배하면 삼배체가 만들어진다.
삼배체는 염색체 수가 홀수라서 감수분열이 제대로 되지 않아
생식세포가 생기기 어렵다.

33 아름다운 꽃에는 역시 독이 있다?

식물의 이차 대사물질

'아름다운 꽃에는 가시가 있다'는 말은 세계의 모든 남성에 대한 잠언이다. 예쁜 장미(여성)가 있다고 해서 섣불리 잡으려 하다가는 자칫 낭패를 볼 수 있다는 의미이다. 그나마 가시만 있으면 괜찮은데 만약 독이라도 있다면 큰일이다.

사실 독을 가진 꽃은 적지 않다. 가까운 예로 수국, 수선화, 은방울꽃, 튤립, 철쭉, 분꽃 등이다. 먹을 기회가 없어서 독성이 문제되는 일은 없지만, 과거에 요리에 곁들인 장식용 수국의 잎을 먹은 십여 명이 식중독을 일으킨 일이 있었다.

식물에 있어 독성 물질은 생체를 유지하는 데 그다지 중요하지 않은 대사에서 태어난 물질로 이차 대사물질이라고 한다.

이차 대사물질의 일종인 알칼로이드계는 질소를 포함한 유기화합물로 대부분의 알칼로이드는 다른 생물을 상대로 독성을 발휘한다. 그 외에도 터페노이드, 페놀, 펙소페나딘 등 인간이 관심을 가진 이차 대사물질은 중간체를 거쳐 합성된 생합성 경로를 바탕으로 분류된다.

인간은 옛날부터 식물의 이차 대사물질을 활용했다. 사냥에는 식물에서 추출한 독을 발라 독화살을 만들었고, 병에 걸렸을 때는 세균을 죽이는 약효가 있는 식물을 달여서 마시기도 했다. 현대사회에서도 식물이 만들어낸 화합물은 약학·의학 분야의 발전에 크게 기여하고 있다.

이차 대사물질과 달리 일차 대사물질은 당과 아미노산, 지질, 핵산 등 생물의 생명 활동에 꼭 필요한 대사에 의해 생성되는 산물을 말하고, 대부분의 생물은 비슷하다.

독을 가진 꽃

수국
구토, 현기증, 안면홍조 등

수선화
메스꺼움, 구토, 설사, 구강 내 염증, 발한, 두통, 혼수, 저체온 등

은방울꽃
구토, 두통, 현기증, 심부전, 혈압저하, 심장마비 등

튤립
구토, 피부염 등

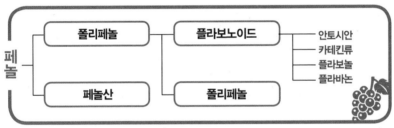

인간이 이용하는 식물의 이차 대사물질

페놀
- **폴리페놀**
  - **플라보노이드**
    - 안토시안
    - 카테킨류
    - 플라보놀
    - 플라바논
- **페놀산**
  - **폴리페놀**

터페노이드
- **모노테르펜알칼로이드** 리모넨, 멘톨 등
- **디테르펜**
- **트리테르펜** 리모닌, 오바쿠논 등
- **세스퀴테르펜**
- **폴리테르펜** 알파카로틴, 베타카로틴, 리코펜
- **카러티노이드**

알칼로이드
- **진정알칼로이드**
  카페인, 니코틴 등
- **원시알칼로이드**
  캡사이신, 솔라닌 등

이름다운 꽃에는 역시 독이 있다?

34 선인장은 어떻게 사막에서 살 수 있을까?

식물의 환경 적응

선인장의 원산지는 일부를 제외하면 남북아메리카 대륙과 그 주변에 한정되어 있다. 미국 애리조나 소노라 사막(Sonoran Desert)은 연평균 강수량이 많은 곳이 250mm, 적은 곳은 60mm밖에 되지 않는데, 이 지역의 상징적 존재인 큰 기둥 선인장이 죽 늘어서 있다. 선인장은 이런 혹독한 환경에서 어떻게 살 수 있는 것일까?

선인장의 가장 큰 특징은 두꺼운 다육질에 다소 둥근 모양의 줄기이다. 비가 오면 뿌리에서 재빠르게 수분을 흡수해서 줄기에 저장한다.

광합성을 할 때도 좀 더 머리를 쓴다. 일반적인 동물은 낮 동안에 기공을 열어 이산화탄소를 흡수해서 광합성을 하지만, 선인장은 낮 동안에는 수분 손실을 막기 위해서 기공을 닫고, 밤이 되면 흡수한 이산화탄소를 사과산으로 바꾸어 일시적으로 저장하고, 낮이 되면 다시 사과산에서 이산화탄소를 꺼내어 포도당으로 합성한다. 만성적으로 수분이 부족해서 밤낮의 기온 차가 큰 사막의 기후에 적응하는 과정에서 고안해낸 방법으로 여겨진다.

선인장의 독특한 구조를 보면, 특징은 수박의 검은 줄무늬 모양과 같은 돌기와 그 위를 꽉 채우고 있는 가시이다. 전자는 극좌(棘座, areole)라고 하는 짧은 가지이다. 그 위에 붙어 있는 가시는 잎이 변화된 것이다. 극좌는 솜털과 같은 가는 털로 덮여 있는 경우도 있다. 이런 구조가 된 이유는 동물과 곤충으로부터 몸을 지키기 위해서이고, 강한 태양을 조금이라도 차단하기 위해서라고 한다[*].

---

[*] 공기 중의 수분을 섭취하는 역할도 하고, 비가 오지 않는 장소에서도 안개 등의 수분을 섭취한다.

선인장의 광합성

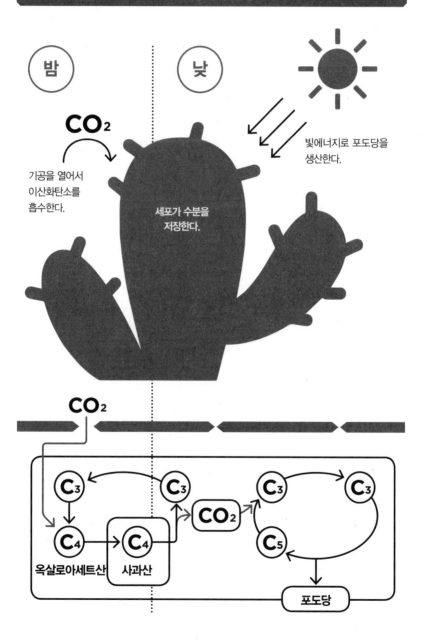

밤

낮

CO₂

기공을 열어서
이산화탄소를
흡수한다.

빛에너지로 포도당을
생산한다.

세포가 수분을
저장한다.

CO₂

C₃

C₃

C₃

C₃

C₄

CO₂

C₅

옥살로아세트산

C₄

사과산

포도당

35 나무의 나이테로 옛날 날씨도 알 수 있다?

연륜기후학

연륜(나이테)은 나무의 단면에 있는 동심원 모양으로 1년에 하나씩 원이 늘어난다. 늘어나는 것은 세포분열이 반복되는 형성층이라고 불리는 부분이다. 안쪽으로 분열한 세포는 나무의 조직(물관부)이 되고 바깥쪽으로 분열한 세포는 체관부라는 영양분의 통로가 된다.

사계절이 있는 일본에서는 형성층의 세포분열이 1년 동안 균등하게 일어나지 않아 봄에는 비교적 벽이 얇은 세포가 생기고, 여름 이후에는 작고 벽이 두꺼운 세포가 생기며 가을부터 겨울에 걸쳐서는 세포분열을 멈춘다. 크고 벽이 얇은 세포는 하얗고, 작고 벽이 두꺼운 세포는 까맣게 보이니 흑백이 번갈아 가며 동심원이 되는 것이다.

연륜의 성장량으로 과거의 기후를 추정하는 연륜기후학(年輪氣候學)이라는 연구 분야가 있다. 연륜 폭을 결정하는 요인으로 고위도 지방에서는 주로 기온이, 저위도 지방에서는 강수량이 영향을 미친다는 사실은 이미 밝혀졌다. 수백 년 된 야쿠시마(屋久島) 삼나무의 연륜을 통해 기후 변동을 조사하는 연구도 진행되고 있다.

또한 연륜연대학(年輪年代學)은 동 시대에 같은 지역에서 성장한 나무의 연륜 패턴이 유사할 것이라는 점에 착안해서 연륜 패턴으로 그 목재가 서식한 시대와 지역을 결정하는 학문이다. 연륜 폭과 밀도 등 공통된 연륜 패턴의 변화를 측정하여 표본 그래프를 산출한다.

독일 남부의 떡갈나무는 만 년 전까지, 미국 서남부 브리슬콘 소나무(bristlecone pine)는 8천 5백 년 전까지 거슬러 올라간 그래프가 작성되었다고 한다. 표본 그래프와 비교하면 역사적 주거 유적과 문화재에 사용된 목재의 산출 시대를 정확히 알 수 있다[*].

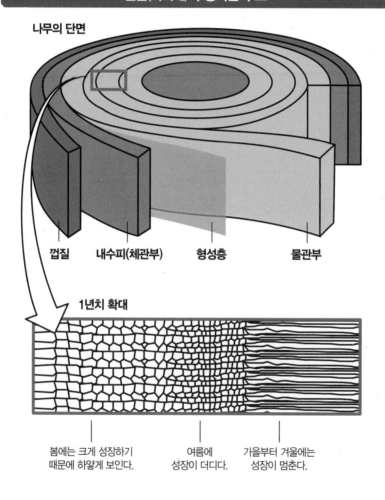

연륜(나이테)이 생기는 구조

나무의 단면

껍질　　내수피(체관부)　　형성층　　물관부

1년치 확대

봄에는 크게 성장하기　　여름에　　가을부터 겨울에는
때문에 하얗게 보인다.　　성장이 더디다.　　성장이 멈춘다.

---

[*] 일본 오사카 이케가미소네(池上曾根) 유적은 1976년에 유적지로 지정됐고 1990년대부터 본격적인 조사가 시작되어 노송나무의 목재를 통해 기원전 52년 전의 것으로 판명되었다. 이는 야요이(彌生)시대의 실제 연대에 관한 당시 학설을 뒤집는 발견이었다.

36 가을에 단풍이 드는 이유는 뭘까?

낙엽수와 광합성

가을에 온 산을 알록달록 물들이는 단풍은 말 그대로 자연 캔버스로 많은 사람들의 마음을 설레게 한다. 나무에는 상록수와 낙엽수가 있는데, 가을에 물드는 나무는 낙엽수이다. 그렇다면 단풍에는 어떤 메커니즘이 작용하고 있을까?

식물의 잎에서 가장 중요한 역할은 광합성이고 그 중심 역할은 클로로필이라는 화학물질이 담당한다. 클로로필은 엽록소의 다른 이름이기도 한 것처럼 잎의 색소이다. 낙엽수는 봄에서 가을에 걸쳐 활발하게 광합성 작용을 하지만, 가을이 되고 겨울이 오면 일조시간이 짧아져서 광합성으로 얻는 에너지가 감소한다. 따라서 잎을 유지하기보다는 오히려 광합성을 멈추고 휴면하는 편이 생존에 유리해지자 낙엽이라는 전략을 선택한 것이다.

가을이 되면 클로로필이 분해되어 잎에 축적된 영양분은 줄기로 회수된다. 동시에 잎자루와 가지가 붙어 있는 부분에 떨켜가 생기고 수분과 영양분을 운반하는 통도조직을 차단하면서 가지에서 잎이 떨어진다. 이것이 낙엽수가 잎을 떨어뜨리는 원리이다.

가을 채색에는 단풍나무로 대표되는 붉은 단풍잎과 은행나무로 대표되는 노란 은행잎이 있다. 붉은 단풍잎은 안토시안이라는 색소에서 유래된 것으로 클로로필이 분해되는 과정에서 새롭게 생성되는 잎이다. 노란 은행잎은 카로티노이드라는 색소에서 생긴 것으로 여름이 되기 전 잎에도 포함되어 있지만, 엽록소 초록빛의 그늘에 가려 눈으로 확인할 수가 없다. 그러다가 가을이 되면 클로로필이 분해하면서 남은 카로티노이드가 눈에 띄게 되는 것이다.

왜 잎이 떨어지기 전에 일부러 안토시안을 생성하는지에 대해서는 빛의 피해로부터 몸을 보호하기 위해서, 그리고 해충으로부터 몸을 지키기 위해서라는 등의 설이 있다.

잎이 물드는 원리

● 클로로필(녹색)
▲ 안토시안(붉은색)

클로로필이 분해되면서
안토시안이 생성된다.

● 클로로필(녹색)
■ 카로티노이드(노란색)

클로로필이 분해되기 때문에
카로티노이드가 눈에 띄게 된다.

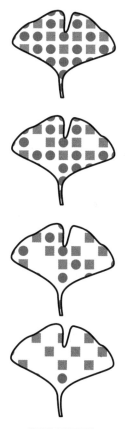

여름

가을

겨울

단풍잎

은행잎

가을에 단풍이 드는 이유는 뭘까?

COLUMN
4
식물성 단백질은 몸에 좋다?

필수 아미노산의 역할

'포식의 시대'에 살고 있는 현대인에게 체중 증가와 다이어트 문제는 생활의 일부가 되고 있다. 지질이 많은 육류를 줄이고 채소 중심으로 바꿔야겠다고 생각하는 사람도 많을 것이다. 그러나 몸에 필요한 단백질을 식물성 단백질로 보충할 수 있지만, 그런 방식의 식사 제한은 조금 위험할 수도 있다.

우리 인간은 생체 유지에 필요한 아미노산 중 9가지 종류(필수 아미노산)를 체내에서 생성할 수 없다. 따라서 필수 아미노산을 식사로 보충해야 하는데, 모든 필수 아미노산을 균형 있게 섭취하지 않으면 효과 있게 활용하지 못한다는 특징이 있다. 9가지 필수 아미노산을 전부 포함한 식품은 육류, 달걀, 유제품 등 동물성 단백질이다. 한편 식물성 단백질은 곡물

과 콩류에도 포함되어 있지만, 9가지 필수 아미노산 전부를 균형 있게 갖춘 식품은 대두뿐이다. 단백질 섭취에 두부와 낫토 등 대두 가공식품을 권장하는 것도 이런 이유에서이다.

채식주의자나 고기는 물론 우유나 달걀도 먹지 않는 엄격한 채식주의자(비건, vegan) 또는 다이어트가 목적인 사람도 곡물이나 콩류를 균형 있게 섭취하거나 대두를 섭취하여 필수 아미노산을 보충할 수는 있다. 그러나 식물성 단백질은 동물성 단백질에 비해 셀룰로오스의 영향으로 체내 흡수성이 다소 떨어진다.

콜레스테롤 수치를 낮춰야 하는 등의 특별한 이유가 없는 한 역시 동물성 단백질도 잘 섭취해야 한다.

역시 고기를 먹을까?

제 5 장

인간의 몸의 구조와
수수께끼

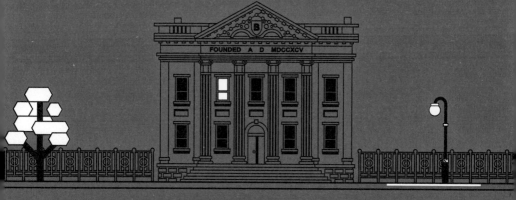

37 인간은 산소를 어떻게 활용할까?

혈액과 산소

인간을 비롯한 모든 생물은 생체 유지와 활동을 위해서 에너지가 필요한데, 에너지를 얻기 위해서는 꼭 필요한 두 가지 요소가 있다. 하나는 식물에서 얻은 영양소, 엄밀히 말하면 포도당이고, 또 하나는 산소이다. 음식은 늘 의식적으로 섭취하지만, 그에 비해 산소는 의식해서 흡수하지는 않는다. 우리는 어떻게 산소를 받아들이고 또 어떻게 이용하고 있을까?

공기는 먼저 폐의 폐포(肺胞)라는 조직으로 보내진다. 폐포는 포도송이와 같은 모양으로 폐 용적의 85%를 차지한다. 폐포는 기체 교환이 일어나는 장소로, 이곳에 얽혀 있는 모세혈관의 혈액 속으로 공기 중 산소가 흡수되고 세포 호흡으로 만들어진 이산화탄소가 모세혈관에서 폐포로 확산된다. 혈액 속으로 들어온 산소는 혈액 성분인 적혈구 속 헤모글로빈과 결합하여 체내의 각 세포로 운반된다. 헤모글로빈은 산소 분압이 높으면 산소와 결합하고, 낮으면 분리되는 성질이 있기 때문에 운반 역할에 적합하다.

이렇게 체내 각 세포로 운반된 산소는 마지막으로는 세포 내 미토콘드리아에서 에너지를 얻는 데 이용된다. 격한 운동을 할수록 호흡이 빨라지는 이유는 산소를 많이 필요로 한다는 증거이다.

인간의 신체 중에서 평소 가장 산소를 많이 소비하는 부분은 뇌이다. 뇌의 중량은 체중의 2%에 불과한데 산소 소비량은 전체의 25%나 되기 때문이다. 인간에게 뇌의 활동이 얼마나 중요한지 새삼 깨닫게 한다.

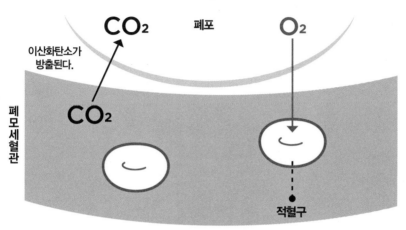

CO₂ 폐포 **O₂**

이산화탄소가
방출된다.

CO₂

폐모세혈관

적혈구

산소화 헤모글로빈
산소가 적혈구의 헤모글로빈과
결합해서 운반된다.

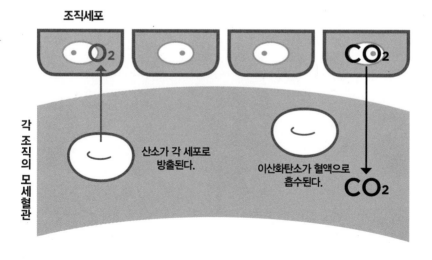

조직세포

O₂

CO₂

각 조직의 모세혈관

산소가 각 세포로
방출된다.

이산화탄소가 혈액으로
흡수된다.

CO₂

인간은 산소를 어떻게 활용할까?

38 혈액형 점의 근거와 신빙성

인간에게 혈액형의 의미

혈액형으로 성격을 판단하는 운세 보기가 한때 큰 인기를 끌었다. 지금도 '저 사람은 A형이라 꼼꼼하다'와 같은 식의 대화를 자주 듣는다. 혈액형과 성격의 연관성을 과학적으로 설명할 수 있을까?

일본에서는 도쿄 여자고등사범학교(현 오차노미즈 여자대학)의 후루카와 다케시(古川竹二) 교수가 1927년 ≪혈액형에 따른 기질 연구≫라는 학술 논문을 발표했다. 다양한 추가 조사도 이루어졌지만, 최종적으로 학회에서는 혈액형 기질 상관설은 명백히 부정되었다.

ABO식 혈액형은 원래 적혈구 표면에 있는 당사슬 구조의 차이에 따라 분류된다. 당사슬이란 당이 사슬 모양으로 연결된 구조를 가진, 예를 들어 A형은 당사슬 말단에 A형 특유의 당(A항원)을, B형은 B형 특유의 당(B항원)을 가지고 있고, AB형은 두 가지 항원을 다 가지고 있다.

게다가 A형은 B형 항원에 대한 항체(항 B항체)를 갖고 있다. A형인 사람에게 B형 혈액을 수혈하면 항 B항체가 B형 항원을 공격하기 시작하고, 일련의 항체반응에 의해 혈액이 응고한다. B형인 사람에게 A형 혈액을 수혈해도 같은 현상이 발생한다. 그래서 같은 혈액형만 수혈할 수 있는 것이다.

덧붙이면 O형은 A형과 B형의 공통된 구조 부분만 갖고 있다[*]. 항원이 없는 O형의 혈액은 항체로부터 공격을 받지 않기 때문에 O형의 혈액은 A형과 B형 모두에게 수혈할 수 있다.

O형은 서글서글하고 대범한 성격이라고들 하는데, 어떤 혈액형에도 수혈

---

[*] O형의 O는 항원이 없다는 의미에서 'O(제로)'라고도 한다.

이 가능하다는 의미에서 보면 'O형의 혈액은 서글서글하고 대범하다'고 할 수 있을지도 모르겠다.

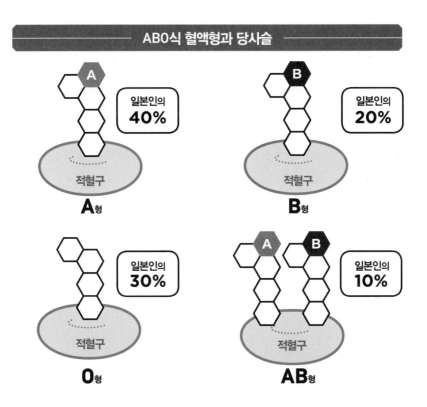

ABO식 혈액형과 당사슬

일본인의 **40%**

A형

일본인의 **20%**

B형

일본인의 **30%**

O형

일본인의 **10%**

AB형

적혈구

혈액형의 항원과 항체

혈액형	A	B	O	AB
혈구의 항원	A	B		A B
혈장의 항체	항 B항체	항 A항체	항 A·B항체	

91

들여야 점의 근거와 신뢰성

39 반사적인 위기 회피 행동은 어떤 메커니즘일까?

체성신경계의 역할

갑자기 '위험하다'고 외치는 소리를 들으면 당신은 어떻게 행동할까? 대부분의 사람은 머리를 손으로 감싸거나 몸을 움츠릴 것이다. 그럴 경우 우리는 머리로 생각할 겨를도 없이 몸이 먼저 움직인다. 우리 몸에서는 도대체 어떤 반응이 일어나는 걸까?

누군가 '위험하다'고 외치는 소리는 귀에서 감각신경을 통해 척수에 도달한다. 그리고 정보가 대뇌로 전달되지 않고 바로 되돌아가서 운동신경을 통해 근육을 움직이게 한다. 이것은 신체 방어를 위한 이른바 긴급시스템으로 무조건반사라고 한다. 대뇌를 거치지 않으며 경로도 짧아서 반응이 빠르다. 말 그대로 생각할 틈도 없이 몸을 움직이는 것이다.

이와 같은 행동을 담당하는 신경을 체성신경계(somatic nervous system)라고 한다. 자율신경과 나란히 말초신경계를 구성하는 것으로 감각신경과 운동신경으로 이루어졌다. 자율신경(p.94 참조)을 식물성 신경계로 부르는 데 반해 몸의 감각, 운동을 제어하는 기관이라서 동물성 신경계라고도 한다.

평소 체성신경이 하는 역할을 보면, 예를 들어 추운 날에 얇은 옷을 입고 외출했을 때 피부 감각에서 발생하는 '춥다'는 정보가 척수로 전달되고 척수는 그 정보를 대뇌로 전달한다. 이때 대뇌는 '춥다'는 상황을 언어로 인식하면서 생각하는 작업을 시작하고, 코트를 입으라거나 건물 안으로 들어가라는 등의 명령을 내린다. 이 명령을 내리는 신호는 한 번 더 척수를 통하면서 운동신경이 근육에 전달하고 실제로 코트를 입는 행동으로 이어진다.

평소 행동과 반사의 경로

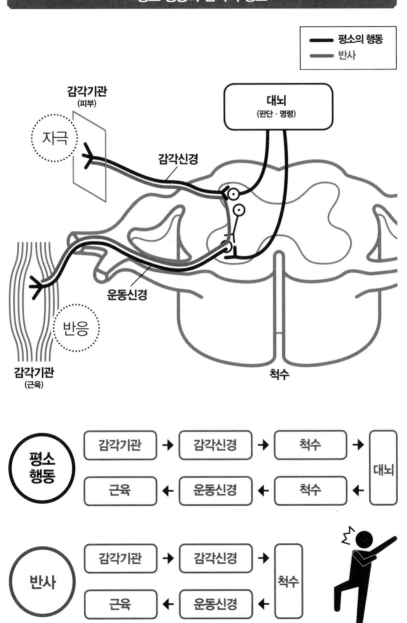

	평소의 행동
	반사

감각기관
(피부)

자극

감각신경

대뇌
(판단·명령)

운동신경

반응

감각기관
(근육)

척수

평소 행동

감각기관 → 감각신경 → 척수 → 대뇌

근육 ← 운동신경 ← 척수 ←

반사

감각기관 → 감각신경 → 척수

근육 ← 운동신경 ←

40 분한 눈물은 진짜 짤까?

자율신경의 역할

고교야구는 학생들의 투지 넘치는 경기 내용은 물론 젊은 학생들이 오직 한 가지에 집중하는 모습이 매력적이다. 그리고 승자의 우렁찬 외침과 패자가 흘리는 분한 눈물의 대조는 잔혹하지만 아름답다.

그런데 분한 눈물은 감동할 때 흘리는 눈물보다 짜다는 사실을 아는가?

우선 눈물의 원리를 알아보면, 눈물이 나오는 원래 목적은 안구를 보호하기 위해서다. 위 눈꺼풀의 안쪽에 있는 눈물샘에서 수분을 분비해서 건조해지는 것을 막아준다. 눈물의 성분은 98%가 물이고, 기타 나트륨과 단백질이 포함되어 있다.

눈물샘의 활동을 지배하는 것은 주로 자율신경이다. 자율신경이란 체온 조절과 호흡 등 생명을 유지하기 위한 활동을 지배하는 신경이다. 자율신경에는 흥분과 긴장, 스트레스 상태에서 작동하는 교감신경과 수면 등 긴장을 풀 때 활동하는 부교감신경이 있다.

눈물이 나온다, 즉 우는 행위는 자율신경의 작용으로 일어난다. 분한 눈물이나 화난 눈물을 흘리는 장면에서는 교감신경이 우세하게 작용한다. 감정이 격해져 흥분 상태가 되면 신장에서 나트륨의 배설이 억제되고 체액의 나트륨 농도가 높아지기 때문에 눈물은 짜진다.

반대로 감동의 눈물이나 기쁜 눈물이 흐를 때는 부교감신경이 작용한다. 긴장을 푼 편안한 상황에서는 체액의 나트륨 농도가 높아지지 않는다.

고교야구 선수들이 손에 쥐고 돌아가는 고시엔[*]의 모래는 그들의 땀과 눈물의 성분이 섞여 있어 아마도 짤 것이다.

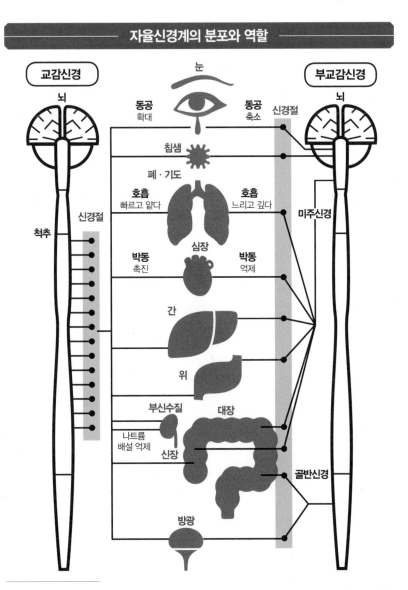

자율신경계의 분포와 역할

---

[*] 고시엔(甲子園)은 일본 효고현 니시노미야시(兵庫県西宮市)에 위치한 지역으로 한신(阪神) 타이거즈의 홈구장이고, 일본 고교야구 전국대회의 다른 이름이다.

41 배꼽시계보다 정확한 체내시계의 구조

체내시계의 역할

인간은 밤이 되면 잠을 자고 아침이면 눈을 뜬다. 일부러 의식하지 않아도 수면과 각성 리듬은 거의 일정하다. 이것은 체내시계라고 불리는 생체 기능에 의한 것으로 생체리듬 또는 24시간 주기 리듬(서카디안 리듬, circadian rhythm)이라고 한다.

생체리듬의 주기는 기본적으로 24시간으로 지구의 자전 주기에 맞춰 생물이 획득한 생리현상이다. 그러나 인간의 경우 개인에 따라서 다소 오차가 있고 주기가 긴 사람과 짧은 사람은 체내시계 조절에 큰 어려움을 겪으며 밤 늦게까지 잠을 이루지 못해 수면 부족에 빠지기 쉽다.

체내시계를 조절하는 곳은 뇌의 시교차 상핵이다. 아침에 망막으로 들어온 빛을 감지하면 주기를 리셋하고 수면 호르몬이라 불리는 멜라토닌의 분비를 막아 몸을 활동 상태로 만든다. 내장의 각 기관에도 체내시계가 있다. 예를 들어 심장은 활동 시간이 많은 낮에는 혈압을 높이고 밤에는 혈압을 낮춘다.

체내시계 리듬이 무너지면 수면 장애의 원인이 된다. 가장 전형적인 예로는 외국 여행으로 겪는 시차증(jet lag)이다. 그리고 도시에서 생활하는 사람은 밤낮의 경계가 모호해지다 보니 불면증에 걸리는 사람의 비율도 높다. 고령자가 한밤중에 깨거나 새벽에 일찍 일어나는 것도 체내시계의 조절 기능이 떨어지는 게 원인이라고 여겨진다.

체내시계의 주기 리듬은 몸속 세포 내에 존재하는 시계 유전자의 활동으

로 24시간을 정확하게 새길 수 있다*. 또한 시교차 상핵이 각 시계 유전자를 조절하는 컨트롤 기관의 역할을 한다는 사실도 판명되었다.

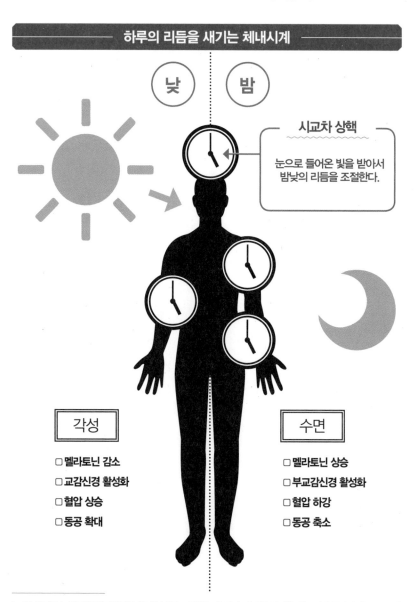

하루의 리듬을 새기는 체내시계

낮 밤

시교차 상핵
눈으로 들어온 빛을 받아서 밤낮의 리듬을 조절한다.

각성

☐ 멜라토닌 감소
☐ 교감신경 활성화
☐ 혈압 상승
☐ 동공 확대

수면

☐ 멜라토닌 상승
☐ 부교감신경 활성화
☐ 혈압 하강
☐ 동공 축소

백화시계보다 정확한 체내시계의 구조

---

* 2017년도 노벨 의학생리학상은 체내시계를 조절하는 유전자 기관을 발견한 연구팀에 돌아갔다.

42 간지럼을 타는 감각의 수수께끼

감각 수용기와 적합자극

아기의 발바닥을 손가락으로 간질이며 자극을 주면 몸을 움직이며 까르르 웃는다. 간지럼을 타는 느낌은 피부 감각에 따른 반응 중 하나이다. 어떤 메커니즘으로 일어나는지 아리스토텔레스나 다윈 같은 위대한 위인들도 간지럼의 수수께끼에 관해 고찰했다고 한다. 간지럼에는 어떤 의미가 있을까?

눈과 귀 등 자극을 받는 수용기는 적합자극(適合刺戟)이라는 특정 자극만을 받아들이는 구조로 되어 있다. 예를 들면 시각에는 빛, 청각에는 소리가 이에 해당한다.

피부의 적합자극은 촉각에 대한 기계적인 자극, 통각에 대한 강한 압력이나 열, 온각과 냉각에 대한 고온·저온의 자극을 들 수 있는데, 그런 의미에서 보면 간지럼이 적합자극인 감각기는 존재하지 않는다.

그러나 목덜미와 옆구리, 손등, 골반과 허벅지 사이, 발바닥 등 간지럼을 느끼는 곳은 전부 동맥 근처 부위로 자율신경계의 세포도 많아서 외부 자극에 민감한 부분이라고 한다.

실험 쥐의 뇌신경을 조사해 간지럼을 규명한 실험에서는 간지러울 때와 놀고 있을 때는 같은 반응이 나타나고, 불안한 상황에서는 간지럼을 태워도 반응이 없다고 한다. 또한 간지럼을 태우려고 하는 동작을 보이기만 해도 간지럼을 느끼는 반응을 보인다는 사실도 밝혀졌다.

간지럽다는 느낌은 단순한 피부 감각이 아닌 복잡한 메커니즘이 작용하고 있는 모양이다.

적합자극의 수용과 감각의 발생

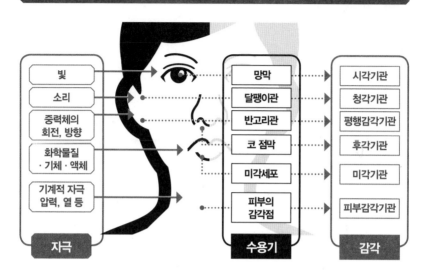

자극	수용기	감각
빛	망막	시각기관
소리	달팽이관	청각기관
중력체의 회전, 방향	반고리관	평행감각기관
화학물질 ·기체·액체	코 점막	후각기관
기계적 자극 압력, 열 등	미각세포	미각기관
	피부의 감각점	피부감각기관

미각 정보의 전달

음식물에 들어 있는 미각의 자극원은 혀의 감각기관으로 수용된다. 수용된 자극은 세포 내에서 여러 전달 경로를 거쳐 신경으로 전해지고, 신경은 맛의 자극을 전기신호로 변환해서 뇌에 전달하면서 미각이 발생한다.

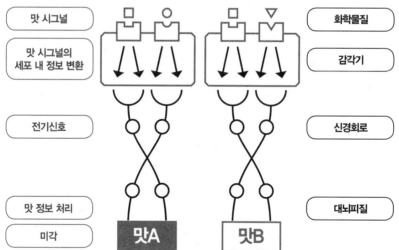

맛 시그널		화학물질
맛 시그널의 세포 내 정보 변환		감각기
전기신호		신경회로
맛 정보 처리		대뇌피질
미각	맛A 맛B	

오감으로 보는 감각의 수수께끼

43 이제 꽃가루 알레르기는 무섭지 않다?

면역력과 알레르기

벚꽃이 만개하기 전에 이미 삼나무나 노송나무의 꽃가루로 봄이 오는 것을 감지하는 사람도 많을 것이다. 최근에는 꽃가루 알레르기만이 아닌 알레르기로 괴로워하는 사람이 증가하는 추세이다.

면역체계란 적으로부터 몸을 보호하는 구조로 체외에서 침입한 이물질을 배제하는 역할을 한다. 이 면역반응이 지나쳐서 발생하는 현상이 알레르기이다. 원래라면 적도 아무것도 아닌 물질이 몸으로 들어왔을 때 면역계가 착각해서 반응하는 알레르기는 이른바 면역체계의 폭주이다.

알레르기의 원인이 되는 물질인 알레르겐은 여러 갈래로 갈려 복잡하다. 꽃가루, 실내의 먼지나 진드기 등 외적 환경에 기인하는 것 외에 밀가루, 메밀, 젤라틴과 같은 음식으로 발생하는 경우도 있다. 알레르기를 일으키는 원인은 생활환경과 유전의 영향이라는 지적이 있지만 아직 해명되지는 않았다.

2008년 일본에서 전국 규모로 진행된 조사에서는 일본 국민의 약 30%가 꽃가루 알레르기를 갖고 있다고 보고되었다. 약 3.3명 중 한 명 꼴이니 심각한 현대병이라고 할 수 있다. 꽃가루 알레르기를 치료하는 방법에는 크게 약물치료와 수술치료, 면역요법이 있다. 이중에서 면역요법은 꽃가루의 근본적인 치료에 효과적이라는 기대를 모으며 주목을 받고 있다. 면역계의 착각을 바로잡기 위해서 아주 조금씩 알레르겐을 체내로 주입하면 이물질인지 아닌지 판단력을 잃었다가 서서히 과민 반응하지 않게 된다는 것이다.[*]

---

[*] 일본에서는 알레르기 개선을 위해 삼나무 꽃가루 알레르기를 혓바닥에 떨어뜨리는 '혓바닥 면역요법'이 2014년부터 보험 적용이 되어 환자의 경과가 계속 보고되고 있다.

그러나 얼마나 치료를 해야 효과가 지속되고 효율적인지는 검증을 계속할 필요가 있다. 꽃가루 알레르기의 괴로운 증상이 치유될 날도 그리 멀지 않았을지 모른다.

알레르기의 구조

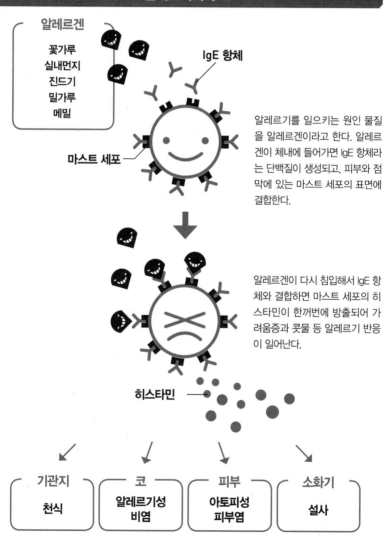

알레르겐
꽃가루
실내먼지
진드기
밀가루
메밀

IgE 항체

마스트 세포

알레르기를 일으키는 원인 물질을 알레르겐이라고 한다. 알레르겐이 체내에 들어가면 IgE 항체라는 단백질이 생성되고, 피부와 점막에 있는 마스트 세포의 표면에 결합한다.

알레르겐이 다시 침입해서 IgE 항체와 결합하면 마스트 세포의 히스타민이 한꺼번에 방출되어 가려움증과 콧물 등 알레르기 반응이 일어난다.

히스타민

기관지	코	피부	소화기
천식	알레르기성 비염	아토피성 피부염	설사

101

이제 꽃가루 알레르기는 무섭지 않다?

44 어른도 아이도 잘 자면 잘 큰다!

수면과 뇌

'노동개혁'을 외치는 일본 사회이지만 여전히 밤에 3시간 밖에 못 잤다며 바쁜 생활을 은근히 강조하는 수면 부족 자랑이 계속되고 있으니 개혁의 길은 아직 멀기만 한 것 같다.

수면 부족은 능률 저하와 관련 있다. 왜 수면이 부족하면 능률이 떨어질까? 거기에는 뇌의 활동이 크게 영향을 미친다.

뇌는 각성기인 낮에는 체내의 대략 20% 정도의 에너지를 소비하기 때문에 마치 거대한 엔진을 달고 있는 것과 같다. 그대로 계속 달리게 하면 엔진이 과열될 수밖에 없어 잠시 쿨다운해야 한다. 이것이 수면의 가장 큰 목적이다.

수면에는 렘수면(REM sleep)과 논렘수면(NREM sleep)이 있고, 하룻밤 사이에 네댓 차례 반복한다. 얕은 렘수면은 신경 피로를 회복하고 기억을 정리하는 일을 담당하는데, 그때 꿈을 꾸는 것이다. 즉 뇌는 온전히 쉬지 않는다. 한편 깊은 논렘수면 상태에서는 가열된 뇌의 온도가 내려가서 두뇌를 푹 쉬게 한다.

수면 중에는 성장호르몬이 분비된다. 잘 자는 아이가 잘 큰다는 말은 성장기에 국한된 얘기만은 아니다. 성장호르몬 분비는 조직의 복원이나 재생 같은 몸의 유지 및 관리와 관련되어 있고 물질대사를 조절한다.

게다가 최근 연구에 따르면 뇌는 자고 있는 동안에만 신경세포에서 유해물질을 제거하는 작업을 한다는 사실이 밝혀졌다. 수면할 때는 뇌세포가 수축하고 뇌척수액*이 흐르기 쉬운 상태가 되는 것이다.

---

* 뇌와 척수를 기계적인 충격으로부터 보호하고 대사산물을 배출하는 기능이 있다.

수면 부족은 이처럼 노폐물의 배출을 저해하고 그 결과 피로가 쌓여 결국 건강에 해를 끼친다. 따라서 수면은 제대로 그리고 확실히 취해야 한다.

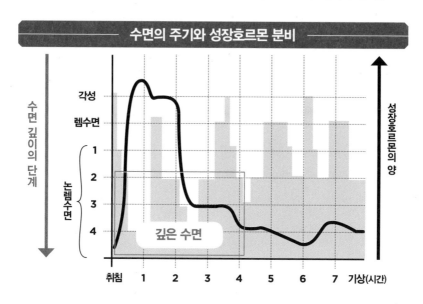

수면의 주기와 성장호르몬 분비

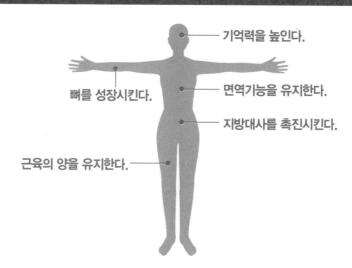

성장호르몬의 역할

기억력을 높인다.

뼈를 성장시킨다.

면역기능을 유지한다.

지방대사를 촉진시킨다.

근육의 양을 유지한다.

45 암을 치료하는 날이 올까?

암과 치료의 최전선

일본에서 암으로 사망하는 비율은 사망 원인의 28.5%를 차지한다. 2위인 심장질환은 15.1%, 3위인 폐렴은 9.1%로 꽤 차이를 벌리며 단연 1위이다. 일본인의 3.5명 중 1명꼴로 암으로 사망하고 있다는 얘기다[*].

인간의 세포는 대략 60조 개로 정상적인 상태에서는 세포들이 과잉 분열과 증식을 하지 않도록 조절되어 있다. 암이란 정상적인 세포의 유전자에 상처가 생겨서 조절할 수 없게 되면서 계속 증식하는, 즉 세포가 폭주하는 상태이다. 지금까지 인류는 페스트나 결핵과 같은 불치병이라 불리는 병과 싸우며 잘 극복해왔다. 마찬가지로 암을 극복하는 날도 오게 될까?

현재 가장 주목받고 있는 최신 치료법은 암 면역치료법이다. 암 면역치료법은 수술과 항암제로 대표되는 화학치료와 방사선치료의 뒤를 잇는 제4의 치료법으로 불리며, 환자 자신의 면역체계를 활성화해 암을 공격하게 하는 방법으로 지금까지와는 다른 새로운 방식의 치료법이다. 암세포를 인식해서 공격하는 항체를 투여하거나, 암세포에 인공적으로 특징적인 표시를 만들어 항암백신으로 투여하거나, 또는 암환자 몸에서 암세포에 대한 공격력이 있는 면역세포를 떼어내어 그 수와 기능을 크게 증강시켜 다시 체내로 투입하는 등의 방법이다.

미국의 지미 카터(Jimmy Carter) 전 대통령이 사망률이 아주 높은 악성 흑색종으로 진단받아 사형 선고를 받은 거나 다름없는 상태에서 면역치료법으로 대부분의 암 조직이 줄어들었다는 뉴스는 매우 충격적이었다. 면역치료

---

[*] 일본 후생노동성 「2016년 인구동태통계 월보년계(人口動態統計月報年計)」 참고.

법은 아직 새로운 분야로 개발 도상에 있는 것은 사실이지만, 종래의 치료법과 병행한다면 암은 더 이상 무서운 존재가 아니며, 언젠가 퇴치 가능한 날이 올 거라고 기대한다.

암유전자와 암억제유전자

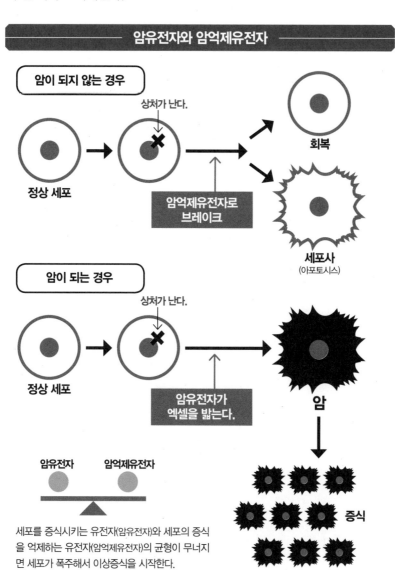

세포를 증식시키는 유전자(암유전자)와 세포의 증식을 억제하는 유전자(암억제유전자)의 균형이 무너지면 세포가 폭주해서 이상증식을 시작한다.

COLUMN
5
인간은 죽으면 21g 가벼워진다?

체내 환경의 유지

인간이 죽으면 가벼워진다는 말은 영혼의 존재를 믿었던 20세기 초에 진지하게 논의되면서 실제로 실험하는 연구도 있었다. 2003년에 공개된 영화 〈21그램〉은 그 실험에서 밝혀진 '영혼의 무게'를 다룬 이야기이다. 원래 그 실험은 과학적인 근거가 결여되었다는 이유로 이후 전혀 인정받지 못하고 있다.

그런데 죽으면 체중이 줄어드는 것은 사실이다. 영혼설을 선택한 연구자들이 줄었다고 주장한 딱 그 만큼의 수분 증발량이다. 살아 있는 동안에는 땀의 분비를 포함한 수분의 증발량을 뇌가 관여해서 몸에 갈증을 알리면 몸은 그 정보를 받아 수분을 섭취하여 갈증을 해소하지만, 죽은 몸은 당연히 조절을 할 수 없다.

생체는 수분만이 아닌 체내 환경을 일정하게 유지하기 위해 끊임없이 조정되고 있다. 예를 들면, 체온이다. 외부 기온과 상관없이 인간의 체온은 35℃에서 37℃를 넘지 않는다. 더울 때는 땀을 분비해서 체온을 내리고 추울 때는 수축해서 발열하기 때문이다. 이렇게 체내 환경을 일정하게 유지하는 구조를 항상성이라고 한다.

앞에서 말한 21g의 논쟁으로 돌아가면, 영혼설을 주장한 연구자는 비판을 받아 외고집이 된 것인지 이후 영혼 사진을 발표하는 등 신비주의와 초자연주의 노선을 달리게 되면서 세상 사람들의 무관심 속에 묻히고 말았다.

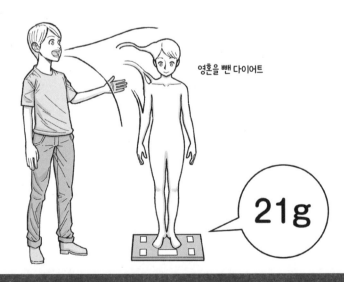

영혼을 뺀 다이어트

21g

제 **6** 장

생태계의 구조와
생물의 미래

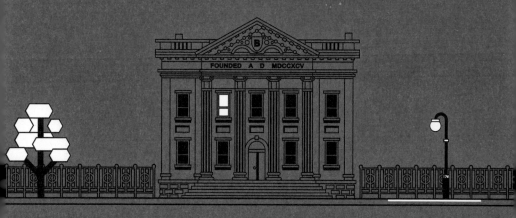

FOUNDED A D MDCCXCV

46 지구에는 몇 종류의 생물이 서식할까?

우리가 사는 지구에는 얼마나 많은 생물이 서식하고 있을까? 2011년에 캐나다와 하와이 대학 공동 연구팀이 발표한 논문에 따르면 870만 종 이상이라고 추정된다.

자세한 내용을 보면 동물이 777만 종, 식물이 29만 8,000종, 진균류가 약 61만 1,000종이고, 그 외에 원생생물 등이 있는데, IUCN(국제자연보호연맹) 조사에서는 현재 존재가 인정되는 생물은 137만 종 정도라고 한다. 즉 추정 수의 6분의 1 정도로 6분의 5는 아직 발견되지 않은 상태이다.

실제로 2006년 8월에 WWF(세계동물보호기금)가 2002년부터 2003년까지 아마존에서 발견된 신종 척추동물 수를 공개했는데, 그 수가 무려 165종이고 어류는 93종, 양서류 32종, 포유류 20종, 파충류 19종, 조류 1종이라고 한다.

여기에 가장 종류가 많다고 알려진 생물인 신종 곤충까지 더하면 얼마나 더 수가 늘어날지. 정글 깊숙한 곳이나 심해 등 별로 인간의 발이 닿지 않은 곳에는 아직 미지의 생물이 많을 거라고 상상할 수 있다.

생물을 체계적으로 분류하는 방법으로 18세기 스웨덴 생물학자인 칼 본 린네(Carl von Linné)가 처음으로 주장한 종(種)에 의한 분류는 지금도 여전히 적용된다. 린네는 종의 학명에 과학적 이명법(속명과 종명)을 사용해서 생물의 분류를 체계화하는 데 공헌했다. 지금은 종(種)과 속(屬) 그리고 상위인 과(科), 목(目), 강(綱), 문(門), 계(界)[*]의 단계로 분류한다. 예를 들면 인간은 동

---

[*] 계(界)는 원생생물계, 식물계, 균계, 동물계의 4가지이다.

물 계→ 척삭동물 문 → 포유 강 → 영장 목 → 사람 과 → 사람 속 → 호모 사피엔스이다.

분류 단계에 따른 인간의 분류

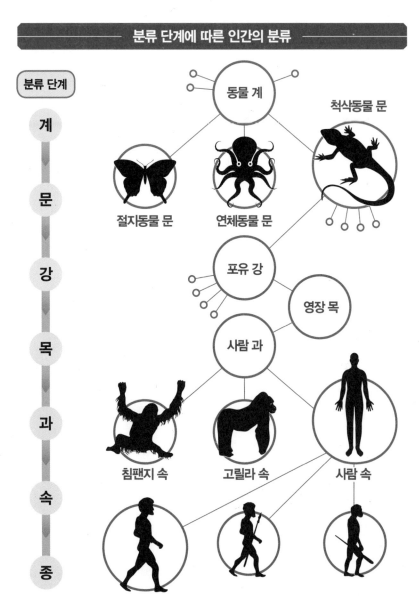

47 미역은 세상 사람들의 왕따?

생태계와 외래종

2017년 남미 원산인 붉은불개미의 상륙이 처음으로 확인되면서 일본을 떠들썩하게 했다*. 붉은불개미는 IUCN(국제자연보호연맹)이 정한 '세계 침략적인 외래종 워스트 100'에 포함된 무시무시한 개미이다. 사람을 죽음에 이르게 하는 독을 가지고 있다고 한다. 그러나 이러한 외래종의 진짜 무서운 점은 독과 같은 신체적인 특징이 아닌 생태계에 미치는 영향이다.

생태계는 먹고(포식자) 먹히는(피식자) 관계인 생물의 먹이사슬에 의해 성립된다. 분해자인 토양 생물이 맨 아래에 있고 생산자인 식물과 초식성 동물, 육식성 동물이 단계별로 연이어 있다. 피라미드의 정점에 있는 것은 몸집이 큰 육식 동물인데, 그들이 먹이를 전부 먹어 치우지 않는 이유는 절대 수가 적기 때문이다. 이러한 균형은 환경에 따라 긴 시간에 걸쳐 형성되었다.

균형을 깨뜨리는 위험성을 내포한 것이 외래종이다. 쉬운 예를 들면, 반시뱀을 퇴치하기 위해 일본 가고시마현 아마미오섬(鹿兒島縣 奄美大島)에 풀어놓은 몽구스는 먹이사슬의 계층이 낮은 작은 동물을 하나도 남김없이 먹어버렸다. 게다가 번식력도 강했다. 그대로 방치해 두면 먹이사슬 피라미드가 역삼각형이 되어 버리기 때문에 생태계를 지키기 위해 지금도 몽구스 퇴치에 적극 나서고 있다.

---

* 도쿄에서 발견된 적이 있는 위험한 외래종에는 붉은불개미 외에 붉은등과부거미, 검은과부거미, 늑대거북, 열대불개미(solenopsis geminata)가 있다.

그건 그렇고 일본산 수생식물 중에서 외국인들이 싫어하는 종(種)이 있다는 사실을 알고 있는가? 그것은 미역이다. 미역은 일본산 나쁜 외래종으로 '세계 침략적 외래종 워스트 100'에 선정되었다. 세계 대부분의 나라에서는 해조류를 먹는 습관이 없기 때문에 번식력이 강한 미역은 계속 증식할 수밖에 없다.

생태계 피라미드

제3차 소비자
제1차, 제2차 소비자를 먹는 동물

제2차 소비자
제1차 소비자를 먹는 동물

제1차 소비자
풀이나 나무의 열매를 먹는 식물

생산자
유기물을 생산할 수 있는 생물

분해자
토양 생물, 미생물

48 생물은 산소 없이도 살 수 있을까?

지구 밖 생물 발견의 가능성

생물은 산소를 이용해 세포내 미토콘드리아로 생명 유지에 필요한 에너지를 얻고 있다. 다시 말해 산소 없이는 살 수 없다는 얘기다. 그러나 2010년에 이탈리아 조사팀에 의해 당시의 상식을 뒤엎는 생물 3종류가 지중해 해저에서 발견되었다.

모두 길이 1밀리 이하의 미생물로 함수호(염수호)에서 서식하고 있었다. 그곳은 극단적으로 염분 농도가 높은 수역으로 산소를 포함한 해수와 섞일 수가 없는 곳이다. 즉 무산소 상태 지역이다.

연구 결과 이와 같은 생물은 미토콘드리아를 대신하는 세포기관(하이드로게노솜, hydrogenosome*)을 가지고 있다는 사실이 밝혀졌다. 산소가 없어도 다세포 생물이 생명을 유지할 수 있다는 발견은 지구 밖의 생명체를 조사 연구하는 연구자들에게도 기쁜 소식이었다.

또한 2017년에는 지하의 굴속 우글거리는 환경에서 사는 벌거숭이뻐드렁니쥐가 무산소 상태에서 18분 동안이나 생존할 수 있다는 사실이 실험으로 밝혀졌다. 보통 생물은 미토콘드리아에서 에너지 생산 원료로 포도당을 사용하는데, 벌거숭이뻐드렁니쥐는 저산소 상태가 되면 과당이라는 당을 이용해 에너지를 생산하도록 전환하여 산소가 없어도 에너지 생산을 중단하지 않는 전략을 써서 산소가 적은 땅속 환경에 적응하도록 진화한 것 같다.

인간의 몸속 세포 중에서도 과당을 이용하는 방법을 발견한다면 발작이

---

* 미토콘드리아가 변이한 것. 이때까지는 단세포생물의 체내에서밖에 확인되지 않았다.

나 심근경색 등 산소의 흐름을 방해받은 환자를 구하는 수단으로 연결될지도 모른다. 앞으로의 연구가 기대된다.

산소가 없는 경우에 생물의 에너지 대사

평소의 호흡
미토콘드리아에서 포도당을 이용해 에너지를 생산한다.

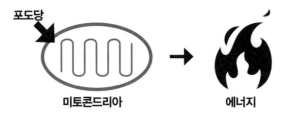

포도당

미토콘드리아 → 에너지

O_2가 없을 때

벌거숭이뻐드렁니쥐의 경우
포도당에서 과당으로 바꿔 대처한다.

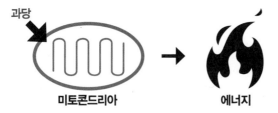

과당

미토콘드리아 → 에너지

무산소 상태에서도 살아갈 수 있는 미생물
미토콘드리아를 대신하는 세포 소기관을 활용해 에너지를 생산한다.

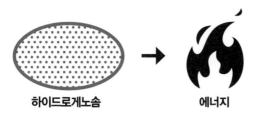

하이드로게노솜 → 에너지

113

생물은 산소 없이도 살 수 있을까?

49 사람이 보유하는 균은 1,000조 개 이상?

세균의 종류와 역할

세균은 진정세균(eubacteria) 또는 박테리아로 불리는 단세포 생물이다. 그중 일부는 사람과 동물의 피부 표면이나 소화기 등에 서식한다. 예를 들면 사람의 장 속에는 약 3만 종류, 1,000조 개나 되는 세균이 살고 있고, 무게로 치면 1.5kg에서 2kg이나 된다고 하니 놀라운 일이다.

장내세균은 크게 유익균과 유해균으로 나뉜다. 유산균이나 비피더스균은 유익균으로 소화 흡수를 돕거나 병에 대한 저항력을 높이는 등 몸에 유익한 균이다. 반대로 유해균은 대장균이나 웰치균처럼 여러 가지 유해물질을 만들어내므로 몸에 해로운 균이다.

이런 다양한 장내세균이 종류별로 모여서 장 내벽에 붙어살고 있다. 그 모습이 마치 식물이 종류별로 군생하는 꽃밭처럼 보인다고 해서 '장내 플로라(gut flora)'라고 부른다. 그리고 세균의 총량은 대부분 정해져 있기 때문에 유익균과 유해균의 균형이 매우 중요하다.

발효식품을 만들 때도 꼭 필요한 좋은 세균인 유산균은 아주 오래전부터 인간의 식생활에 깊이 관여해 왔다. 유산균은 우리들 장 속에서 다른 유익균의 증식을 돕고, 장내 플로라의 균형을 잡는 일도 한다. 그래서 유산균이 함유된 요구르트는 몸에 좋다고 하는 것이다.

장내 플로라의 균형이 무너져 발생하는 질병이 많다. 예를 들어 면역력 저하는 알레르기 질환이나 암의 발병에도 영향을 준다고 알려져 있다. 또한 비만이나 당뇨병, 치매까지도 장내 플로라의 불균형과 관계가 있다는 최근 연구 결과도 있다[*].

---

* 유익균은 우울증에도 효과가 있다는 연구 결과도 있다.

장내 플로라를 구성하는 장내세균

유익균

면역력을 증강해 병원균의 침입이나 증식을
막아주는 인간에게 유익한 균

유산균, 비피더스균 등

유해균

장 속의 것을 부패시켜 유독물질을 만드는
인간에게 유해한 독

대장균, 웰치균 등

기회주의균

장내 상태에 따라 유익균이나 유해균으로
변화하는 어느 쪽도 아닌 균

······이와 같은 균이 인간의 장내에 약 **3**만 종류, **1,000**조 개!

장내 플로라의 이상적인 균형

2 : **1** : **7**

50 17년 주기로 대량 발생하는 소수 매미의 수수께끼

곤충의 대량 발생 현상

파리나 메뚜기와 같은 곤충이 대량으로 발생했다는 뉴스는 자주 화제가 된다. 예를 들면 메뚜기의 경우 먹이가 풍작인 이듬해에 많이 발생해서 농작물을 전부 먹어치우는 바람에 피해를 준다. 노린재는 삼목이나 노송나무에 알을 낳고 알에서 깨어난 노린재는 그 나무의 열매를 먹으며 성장한다. 따라서 꽃가루 비산량이 많은 해에는 노린재의 먹이인 열매가 많고 이것이 다시 노린재의 대량 발생으로 이어지는 것이다. 이처럼 일반적으로 대량 발생의 근저에는 먹고 먹히는 관계가 있다.

그러나 미국 북부에 13년이나 17년에 한 번씩 일어나는 매미의 대량 발생은 먹이사슬로는 설명이 되지 않아 오랫동안 원인 불명으로 여겨졌다. 그 수수께끼를 일본 시즈오카대학(靜岡大學)의 요시무라 진(吉村仁) 교수가 생물학이 아닌 수학적인 접근으로 해명했다. 열쇠는 '소수'에 있었다.

대부분의 생물이 멸종 위기에 놓인 빙하기에 매미는 북아메리카의 난류 근처나 분지 등 별로 기온이 내려가지 않는 좁은 범위에서 살아남았다. 매미는 땅속에서 12~18년간 살다가 땅위에서 번식 활동을 했다. 그러나 어렵게 땅 위로 올라와도 교미 상대를 찾지 못하면 자손을 남기지 못한다. 그래서 일제히 번데기에서 허물을 벗고 성충이 되어 교미 산란하는 전략을 취한 것이다. 그런데 매미의 변태는 처음부터 13년과 17년 주기가 아닌 12년에서 18년 주기로 분포했었다. 주기가 다른 교잡은 주기를 무너뜨리기 때문에 발생 주기가 뒤섞여 엉망진창이 되다가 결국 멸종하게 된다. 예를 들어 12년 매미와 18년 매미는 36년마다 교잡의 위험이 있지만, 소수인 13과 17은 최

제6장

116

생태계의 구조와 생물의 미래

소공배수가 커져 교잡 위험성이 매우 적어진다. 따라서 상대적으로 순수 혈통을 보존할 수 있는 '소수' 매미가 살아남은 것이다.

매미 교잡의 위험성

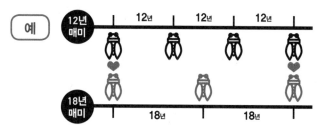

12년 매미와 18년 매미는 36년마다 교잡의 위험성이 있다.

최소공배수 표

교잡	12년	13년	14년	15년	16년	17년	18년	평균
12년		156	84	60	48	204	36	98
13년	156		182	195	208	221	234	199
14년	84	182		210	112	238	126	158
15년	60	195	210		240	255	90	175
16년	48	208	112	240		272	144	170
17년	204	221	238	255	272		306	249
18년	36	234	126	90	144	306		156

17년 주기로 대량 발생하는 소수 매미의 수수께끼

51 동물들의 편식은 건강에 영향을 주지 않는다?

초식동물과 육식동물

건강을 유지하기 위해서는 평소에도 균형 잡힌 식사를 해야 하고 하루에 30종류를 섭취하도록 노력해야 한다. 이런 기사를 볼 때마다 신경이 쓰이는 것은 동물들의 편식이다. 코알라는 유칼립투스 잎만 먹고 있으니 말이다. 도대체 코알라는 영양을 충분히 섭취하고 있는 걸까?

초식동물부터 생각해 보자. 예를 들면, 소가 풀만 먹고도 살 수 있는 이유는 소화기 내에서 공생하는 미생물 덕분이다. 사실 소는 공생하는 미생물의 먹이로 풀을 먹는 것이다. 소 자신이 풀로 영양을 섭취한다기보다는 미생물의 배설물을 섭취해서 포도당을 만들어 에너지를 생산한다. 그리고 죽은 미생물이 단백질원이 된다.

한편 육식동물의 경우에는 날고기나 내장은 단백질과 지질 외에도 무기염류와 비타민도 풍부하게 있는 완전 영양식이기 때문에 식물을 섭취하지 않아도 영양이 부족해질 위험은 없다. 그러나 초식동물을 잡아먹을 때는 위장 속에 남아 있는 소화 중이던 풀을 먼저 먹기 시작한다. 육식동물은 식물을 소화할 수 없지만, 사냥감의 위장 속에서 소화된 것이라면 아무 탈 없이 그 속에 포함된 비타민을 흡수할 수 있다.

코알라 이야기로 돌아가면, 코알라가 가장 좋아하는 유칼립투스 잎에는 지질, 당분, 탄닌, 단백질, 칼슘 등의 성분이 골고루 들어 있어 코알라의 완전 영양식이라 할 수 있다. 가장 좋아한다기보다는 생존경쟁에서 진 코알라의 선조가 먹이를 찾다가 나무에 올라서 독성이 있는 유칼립투스를 먹기 시작하면서 식량을 확보했을 것으로 보인다*. 유칼립투스에 포함된 독성을 해

---

* 판다가 가는 대나무를 잎에 물게 된 것은 다른 육식동물과의 경쟁을 피하기 위해서라고 한다.

독할 때도 장내세균이 활약한다.

소의 단백질 섭취

제1위에서 삼킨 풀을 발효시켜 미생물을 증식시킨다.
이때 증식한 미생물은 제4위로 운반되어 그곳에서 분
비한 위산에 의해 소화된 다음 단백질원으로 흡수된다.

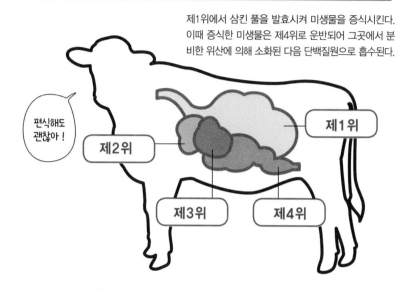

편식해도
괜찮아 !

제2위

제1위

제3위

제4위

동물의 장의 길이

섬유질을 많이 포함한 식물을 소화 흡수하기 위해서는 시간이 걸리기 때문에 장의 길이는 초
식동물이 육식동물보다 길게 생겼다. 잡식성이 높은 인간의 장의 길이는 체장(또는 몸길이)의 약
12배, 초식동물인 소는 약 20배. 이에 반해 사자나 늑대와 같은 육식동물은 체장의 4배 정도.

육식	잡식	초식

체장 대비 장의 길이 **4**배 **12**배 **20**배

동물들의 편식은 건강에 영향을 주지 않는다?

52 장어도 다랑어도 무한리필은 NO!

음식과 자연보호

　　　　　장어에 소스를 발라서 굽는 냄새는 맹렬하게 식욕을 자극한다. 냄새에 이끌려서 가게 앞까지 가보지만 가격을 보고 놀란다. 장어 가격이 비싼 이유는 단순하다. 장어가 잡히지 않기 때문이다.

　뱀장어의 어획량은 과거 50년 추이로 보면 1960년대에는 3,400t 정도였는데, 2011년에는 230t으로 줄었다. 양식 장어인 치어장어도 마찬가지로 60년대에는 200t 이상이던 것이 2011년에는 10t으로 확 줄었다.

　감소한 데는 몇 가지 원인이 있는데, 하나는 하천과 해안의 호안공사 등 인위적인 요인에 의한 서식 환경의 악화이다. 또 하나는 해류의 변화이다. 뱀장어는 마리아나 해구 근처에서 산란한다는 사실이 일본 연구팀의 조사로 밝혀졌는데, 부화한 새끼가 해류 변화의 영향을 받다 보니 일본 해안까지 오지 못하고 죽는 경우가 많기 때문이라고 한다.

　해류의 변화에는 온난화 영향도 지적되지만, 무분별한 포획도 영향을 주는 게 분명하다.

　뱀장어는 2014년 IUCN(국제자연보호연맹)에서 멸종 위기종으로 지정되었다. 완벽한 양식기술이 확립될 때까지 장어의 가격이 내려가지 않을 수도 있다.

　어쩌면 해산물은 무한하다고 생각할지 모르지만 장어와 같은 사태를 초래할 위험성은 늘 도사리고 있다. 태평양 다랑어도 현재는 취약종(VU)으로 지정되어 있다. 식량과 자연보호에 대해 심각하게 고민할 때다.

일본의 멸종 위기종 분류

(일본 환경성 레드리스트 2017년 참고)

절멸종
EX

일본에서는 이미 멸종한 종
➜ 일본늑대, 일본수달 등

**자생지
절멸종**
EW

인간이 사육한 종만 살아있다.
➜ 따오기 등

**심각한
위기종**
CR

가까운 미래에 멸종 위험성이 매우 높다.
➜ 이리오모테살쾡이, 해달, 듀공, 황새,
얌바루 흰눈썹뜸부기, 섬부엉이 등

**멸종
위기종**
EN

심각한 위기종만큼은 아니지만, 멸종의 위기
성이 높다.
➜ 검둥수리, 뇌조, 붉은바다거북, 뱀장어 등

취약종
VU

멸종의 위기가 증가하고 있다.
➜ 신천옹, 매, 두루미, 일본장수도롱뇽, 물방개,
왕사슴벌레 등

**위기
근접종**
NT

현시점에서 멸종의 위험은 적어도 가능성은 있다.
➜ 분비나무, 북방우는토끼, 참개구리 등

정어도 다랑어도 무한리필은 NO!

53 자연을 회복하기 위한 작은 노력

복원생태학과 녹지화 운동

생태계는 다양한 요인으로 복잡하게 얽혀서 균형을 유지하고 있다. 그러나 자연재해와 같은 불가항력에 의해 무너지는 경우도 적지 않다. 예를 들면 폭풍우로 인한 산사태는 산림을 차례차례 무너뜨리고 지역 생태계에 큰 영향을 미친다. 태풍과 화산활동, 기후변동 등 자연이 초래한 이들 사태는 각 지역에서 빈발하고 있지만, 그래도 다행히 지구상에 생태계가 유지되는 이유는 자연이 회복력을 갖고 있기 때문이다. 화산활동으로 용암이 분출된 지역에서도 새가 날라 온 씨앗이 뿌리를 내려 풀이 자라고 곤충이 번식하다가 머지않아 나무가 성장하고 다양한 동물도 살아갈 수 있게 된다.

그러나 인간의 활동으로 인한 자연 파괴는 자연의 회복력으로는 따라가지 못할 정도로 빠르게 진행되고 있다. 각 지역에서 나타나는 사막화 현상, 온난화로 인한 산호초의 죽음 등 환경파괴가 표면화되면서 세계적인 규모로 관심을 가지게 된 80년대부터 본격적으로 이 문제를 연구하기 시작한 과학자가 늘어났다. 파괴 또는 손상을 입은 자연환경과 생물 개체군을 복원하기 위한 연구 학문을 복원생태학 또는 복원생물학이라고 한다.

복원생태학의 현장 활동으로 가장 알기 쉬운 예는 사막의 녹지화 운동이다. 이 분야에서는 많은 일본인 및 NPO가 세계 각지에서 활약하고 있다. 예를 들면 '녹색대지계획'을 주도하는 나카무라 데쓰(中村哲) 의사는 일본의 전통적인 방법을 이용해 아프가니스탄에서 수로를 건설하고 불모지에 풀과 나무의 뿌리를 내리게 했다. 또한, 몽골이나 아프리카 같은 사막지대에 연구자

와 기술자를 보내 녹지화 운동을 후원하고 있다. 규모가 작고 꾸준함이 필요한 지난한 활동이지만 미래의 지구를 위해서는 중요한 활동이다.

사막화의 현재

사막화는 건조지역에서 토지가 열악해지는 것.
토지가 건조해질 뿐 아니라 토양의 침식이나 염류화, 식물군락의 감소도 포함된다.

지구상에서
사막화의 영향을 받는 토지의 면적
약 **36**억 ha

세계 육지의 약 **1/4**

약
149억 ha

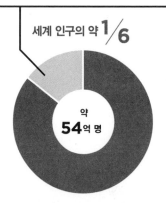

지구상에서
사막화의 영향을 받는 인구
약 **9**억 명

세계 인구의 약 **1/6**

약
54억 명

사막화가 일어나는 원인

과방목

나무 벌채

가뭄

54 지구 온난화가 인간에게 미치는 영향은?

지구 온난화와 생물

2017년 6월 트럼프 대통령이 '파리협정'을 탈퇴하겠다고 공식 선언하면서 여러 방면에서 큰 파문을 일으켰다. 세계 제2위 이산화탄소 배출국인 미국이 탈퇴하면서 이를 뒤따르는 국가가 나오는 사태가 발생하면 협정의 틀이 흔들리고 지구온난화방지를 아무리 부르짖어도 유명무실해지기 때문이다(덧붙이면 1위는 중국, 3위는 인도, 일본은 5위)[*].

지구온난화는 이산화탄소, 메탄, 프레온과 같은 온실가스의 영향으로 나타난 것이다. 원인은 폭발적인 인구 증가와 함께 발생한 소비 에너지의 증가이다. 현재의 속도로 진행되면 100년 후 지구의 기온은 평균 5.8℃까지 상승한다는 연구 결과도 있다[**].

온난화는 생물에 어떤 영향을 미칠까? 최근의 위험 예측 연구에 따르면 지구 기온이 1~3℃ 상승하면 생물종의 20~30%가 멸종 위기에 처한다고 한다. 그러나 온난화로 인해 오히려 생물의 다양성이 늘어날 거라는 견해도 있다. 적도 부근이 생물의 보고라는 사실로 미루어보면 온난화로 더욱 다양한 종(種)이 나타날 가능성도 있기 때문이다.

그런데도 각 나라가 위기감을 느끼는 이유는 생태계의 정점에 있는 인간이 이 상태로 늘어나 에너지 소비가 계속되면 지금까지 인류가 경험하지 못한 엄청난 피해를 다른 생물에게 미칠 수 있기 때문이다. 인간을 정점으로 한 불안정한 생태계 피라미드가 언제 붕괴될지 모른다. 무엇보다 기억해야

---

[*] 2014년 순위. 출처 : EDMC/에너지·경제통계 요람 2017년판

[**] 일본국립환경연구소와 도쿄대학 기후시스템연구센터의 공동 연구 참고

할 중요한 사실은 우리 인간에게도 균형 잡힌 자연생태계는 꼭 필요한 존재라는 사실이다.

이산화탄소 농도의 변천

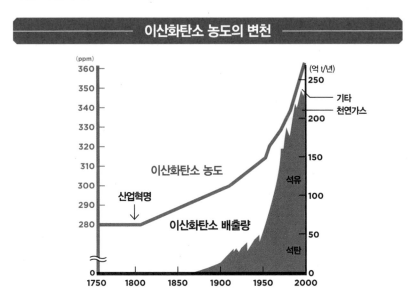

온실효과가 증가하는 원인

석탄과 석유연료의 사용이나 가전제품의 사용, 배기가스의 영향으로 온실가스 막이 두꺼워져 열이 갇혀 버린다.

산림의 벌채로 인해 이산화탄소를 흡수할 수 없다.

55 1년에 4만 종이 멸종한다?

생물다양성의 위기

지구상에는 존재가 과학적으로 인지되는 생물이 137만 종 정도이다. 그러나 아직 발견되지 않은 종은 그 몇 배나 될 거라고 한다 (p.108 참조). 즉 지구상에는 그만큼 다종다양한 생물이 있다는 사실이다.

하지만 생물의 멸종 속도는 점점 가속화되고 있다. 공룡 시대에는 1000년에 1종이 멸종했다고 하는데, 100년 전에는 1년에 1종 그리고 지금은 1년에 4만 종 이상의 생물이 멸종하고 있다.

그 원인은 자연환경의 파괴, 외래 생물의 침입에 의한 생태계의 파괴, 지구온난화 등이다.

아무튼 자연환경의 파괴는 심각해서 WWF(세계자연보호기금)의 계산으로는 1970년 이후 30년 동안 지구상의 자연 중 30%가 사라졌다고 한다.

지구상에 열대우림의 60%를 차지하는 아마존의 산림 벌채는 대표적인 예로, WWF는 이대로 가면 2050년에는 아마존의 열대우림 중 60%가 파괴되고 그 영향으로 아마존의 이산화탄소 배출량이 555억 t에서 969억 t까지 증가할 거라고 경고한다.

생물의 다양성이 있었기에 지구상의 생물에게 먹이사슬이라는 균형이 유지된 것이다. 각각 포식자와 피식자로 먹고 먹히는 관계이더라도 지구 규모로 생각해 보면 스크럼을 짠 상태이다. 따라서 종의 멸종으로 스크럼 조각을 잃어버리면 바로 균형이 무너질 수밖에 없다. 지금까지 지구는 5번의 대량 멸종기*를 경험했다. 인간으로 인해 6번째 멸종기를 맞이하는 사태는 막아

---

* 과거 대량 멸종은 급속한 기온 저하나 화산가스에 의한 대기오염, 운석 충돌, 초신성 폭발 등이 원인이라고 한다.

야 한다. 환경 보전은 한시가 시급한 과제이다.

생물의 멸종 속도

2억 년 전	1000년 동안	.... 1 종류
200~300년 전	4년 동안	.... 1 종류
100년 전	1년 동안	.... 1 종류
1975년	1년 동안	.... 1000 종류
현재	1년 동안	...... 40000 종류

과거의 대량멸종

127

	태고대		40억 년 전	생명 탄생 광합성 세균 출현
	원생대		25억 년 전	단세포 진핵생물 출현 다세포 생물 출현
현생누대	고생대	캄브리아기	5.4억 년 전	캄브리아기 대폭발 척추동물 출현
		오르도비스기	4.9억 년 전	대량 멸종 **85%**	어류 출현
		실루리아기	4.4억 년 전		육지생물 출현 곤충 출현
		데본기	4.2억 년 전	대량 멸종 **82%**	물고기 시대
		석탄기	3.6억 년 전		양서류 번성 단궁류 출현
		페름기	3억 년 전	대량 멸종 **95%**	파충류 출현
	중생대	트라이아스기	2.5억 년 전	대량 멸종 **76%**	공룡 출현 포유류의 출현
		쥐라기	2억 년 전		공룡 번성 시조새의 출현
		백악기	1.5억 년 전	대량 멸종 **75%**	공룡의 멸종
	신생대	제3기	0.7억 년 전 0.07억 년 전		포유류와 조류 번성 인류 출현

잠 못들 정도로 재미있는 이야기

생물

2021. 5. 10. 초 판 1쇄 인쇄
2021.   5. 14. 초 판 1쇄 발행

감 수 | 히로사와 미쓰코(廣澤瑞子)
감 역 | 김헌수
옮긴이 | 양지영
펴낸이 | 이종춘
펴낸곳 | [BM] (주)도서출판 **성안당**
주소 | 04032 서울시 마포구 양화로 127 첨단빌딩 3층(출판기획 R&D 센터)
      | 10881 경기도 파주시 문발로 112 파주 출판 문화도시(제작 및 물류)
전화 | 02) 3142-0036
     | 031) 950-6300
팩스 | 031) 955-0510
등록 | 1973. 2. 1. 제406-2005-000046호
출판사 홈페이지 | **www.cyber.co.kr**
ISBN | 978-89-315-8887-3 (03470)
     | 978-89-315-8889-7 (세트)
정가 | **9,800원**

이 책을 만든 사람들
책임 | 최옥현
진행 | 최동진
본문 · 표지 디자인 | 이대범
홍보 | 김계향, 유미나, 서세원
국제부 | 이선민, 조혜란, 김혜숙
마케팅 | 구본철, 차정욱, 나진호, 이동후, 강호묵
마케팅 지원 | 장상범, 박지연
제작 | 김유석

이 책의 어느 부분도 저작권자나 [BM] (주)도서출판 **성안당** 발행인의 승인 문서 없이 일부 또는 전부를 사진 복사나
디스크 복사 및 기타 정보 재생 시스템을 비롯하여 현재 알려지거나 향후 발명될 어떤 전기적, 기계적 또는
다른 수단을 통해 복사하거나 재생하거나 이용할 수 없음.

"NEMURENAKUNARUHODO OMOSHIROI ZUKAI SEIBUTSU NO HANASHI"
supervised by Mitsuko Hirosawa
Copyright ⓒ NIHONBUNGEISHA 2017
All rights reserved.
First published in Japan by NIHONBUNGEISHA Co., Ltd., Tokyo

This Korean edition is published by arrangement with NIHONBUNGEISHA Co., Ltd.,
Tokyo in care of Tuttle-Mori Agency, Inc., Tokyo through Duran Kim Agency, Seoul.

Korean translation copyright ⓒ 2021 by Sung An Dang, Inc.

이 책의 한국어판 출판권은 듀란킴 에이전시를 통해 저작권자와
독점 계약한 [BM] (주)도서출판 **성안당**에 있습니다. 저작권법에 의하여
한국 내에서 보호를 받는 저작물이므로 무단전재와 무단복제를 금합니다.